Magaly Ruiz Dager
Graciano Elizalde
María Magdalena Ríos Cabrera

La materia orgánica del suelo y su relación con la altitud

Magaly Ruiz Dager
Graciano Elizalde
María Magdalena Ríos Cabrera

La materia orgánica del suelo y su relación con la altitud

Efectos del gradiente altitudinal sobre el contenido y la composición de la materia orgánica y las propiedades del suelo

Editorial Académica Española

Imprint
Any brand names and product names mentioned in this book are subject to trademark, brand or patent protection and are trademarks or registered trademarks of their respective holders. The use of brand names, product names, common names, trade names, product descriptions etc. even without a particular marking in this work is in no way to be construed to mean that such names may be regarded as unrestricted in respect of trademark and brand protection legislation and could thus be used by anyone.

Cover image: www.ingimage.com

Publisher:
Editorial Académica Española
is a trademark of
International Book Market Service Ltd., member of OmniScriptum Publishing Group
17 Meldrum Street, Beau Bassin 71504, Mauritius
Printed at: see last page
ISBN: 978-620-2-81154-5

EFECTOS DEL GRADIENTE ALTITUDINAL SOBRE LA MATERIA ORGÁNICA Y PROPIEDADES DEL SUELO

Effects of altitudinal gradient on organic matter and soil properties

AUTORES

Magaly Ruiz Dager

Centro de Investigación y Extensión en Suelos y Aguas (CIESA). Universidad Rómulo Gallegos. San Juan de los Morros- Guárico-Venezuela.
E-mail: magaruizdager@gmail.com

Graciano Elizalde

Instituto de Edafología, Facultad de Agronomía, Universidad Central de Venezuela, Maracay-Venezuela, Avenida 19 de Abril, El Limón, Maracay. Apartado postal 4579.
E-mail: gracianoelizalde@yahoo.com

María M. Ríos Cabrera

Núcleo de Investigación Ambiental con Fines Educativos (NIAFE) Universidad Pedagógica Experimental Libertador, Maracay-Venezuela.
E-mail: mariamagdarios@gmail.com

Los autores desean expresar su agradecimiento al Fondo para el Fomento y Desarrollo de la Investigación (FONDEIN) de la Universidad Pedagógica Experimental Libertador (UPEL), por el financiamiento del presente trabajo de investigación, registrado bajo el N° PIF-0018.

CONTENIDO

INTRODUCCIÓN

Este libro expone los resultados de un proyecto abocado al estudio de los efectos del gradiente altitudinal sobre la materia orgánica y las propiedades del suelo, específicamente a lo largo de una toposecuencia en la cuenca del río Maracay (Venezuela). Aspectos parciales de esos resultados han sido presentados en varios artículos publicados en diversas revistas científicas, pero en esta obra se han considerado en forma conjunta, se ha profundizado en el análisis integral de los mismos y se ha incorporado un número apreciable de referencias, lo que ha permitido constituir una plataforma útil para la interpretación de los efectos del gradiente altitudinal sobre la materia orgánica.

En los diferentes capítulos se pone en evidencia la importante influencia que ejerce el componente orgánico sobre las propiedades del sistema edáfico y su sensibilidad ante los cambios de los factores formadores. Los resultados de este caso específico ayudarán a comprender la importancia de la materia orgánica como un indicador de la calidad del suelo que permite conocer su condición actual y su tendencia a la degradación o recuperación.

La cuenca hidrográfica del río Maracay, debido a su gradiente altitudinal entre 400 y 2000 metros sobre el nivel del mar en un relativamente corto trayecto, ofrece la oportunidad de estudiar la influencia de los cambios de los factores formadores en un espacio poco extenso. Es de esperar que ello se refleje de manera más o menos intensa en las múltiples propiedades de los suelos, incluyendo aquellas relacionadas con la materia orgánica. Los cambios significativos de altitud a lo largo de la cuenca del río Maracay, influyen sobre factores tan importantes en la dinámica de la materia orgánica del suelo como son la temperatura, la precipitación, la humedad atmosférica relativa, la composición florística, altura y densidad de la cobertura vegetal, el balance entre erosión y sedimentación, el tiempo de evolución. Además, a lo largo de la cuenca hay cambios importantes en el uso de la tierra y en la frecuencia de incendios forestales.

También se ha detectado que los materiales parentales alternan entre regolitos y sedimentos coluviales y aluviales. Por otra parte, la cuenca es recorrida longitudinalmente por una carretera que transcurre a menos de 100 metros del cauce del río, lo que facilita la logística necesaria para la fase de campo de un eventual proyecto, al mismo tiempo que favorece la comparación entre los diferentes puntos a lo largo de la misma, ya que todos se encuentran a distancias similares de sus respectivos niveles de base en el lecho del río adyacente.

El análisis de los resultados obtenidos en este estudio y su contrastación con los hallazgos de otras investigaciones similares permitió establecer algunas premisas que se presentan en los diferentes capítulos.

Las variaciones espaciales y la dinámica de los factores y procesos formadores del suelo que se identifican en este caso particular ocurren de manera similar en un área extensa del sector centro norte de Venezuela ocupada por la Serranía del Litoral de la Cordillera de la Costa Central. Por ese motivo los resultados e inferencias que aquí se exponen deben servir de ayuda para comprender como actúan en esas áreas algunos de los procesos que influyen de manera importante en la vida dentro de un ecosistema, definiendo en muchos casos los eventos que puedan producirse en el mismo y las tendencias que serían de esperar debidas a las manifestaciones del cambio climático.

El texto ha sido complementado con una elevada cantidad de figuras, principalmente en el capítulo de resultados, lo que facilita el empleo de los mismos como material didáctico para el estudio de la materia orgánica del suelo.

CAPITULO I

CONCEPTOS BÁSICOS APLICADOS EN ESTE ESTUDIO

Las propiedades de los suelos y de los paisajes que los contienen cambian a consecuencia de la variación espacial y temporal de los factores formadores[1] que les dan origen y continúan actuando permanentemente, proporcionando la materia y energía necesarias para el desarrollo de múltiples procesos. De acuerdo con Jenny (1994), los **factores que condicionan la formación de los suelos** son: el material parental, el clima, el relieve, la biota y el tiempo. Huggett (1995), establece que los elementos de la biota interactúan constantemente entre sí y con los suelos, la atmósfera, la hidrósfera, la tropósfera y la litósfera, constituyendo sistemas de paisajes o geoecosistemas. Por su parte Elizalde (2009), integrando ambas propuestas, generaliza los factores propuestos por Jenny como responsables de los procesos que determinan, a través de su interacción, la formación y evolución de todos los componentes sólidos y líquidos que constituyen los ecosistemas, incluyendo además las actividades humanas como un sexto factor.

La Figura I-1 muestra esquemáticamente la interacción de esos factores para dar lugar a las propiedades del suelo y a los procesos que en el ocurren.

Las actividades humanas incluyen los cultivos y todas las prácticas agrícolas relacionadas: fertilización, riego, drenaje, incorporación de residuos orgánicos, sistemas de labranza, encalado, recolección de cosechas, entre otras; las obras de ingeniería, que comprenden: construcción de carreteras, tendido de cables de electricidad y otros servicios, urbanismos, infraestructuras; la deforestación y los incendios de vegetación provocados por el hombre. Se ha señalado que esas actividades afectan de manera importante las propiedades del suelo. Por ejemplo, en relación a las

---

[1] Factor formador de los suelos y los paisajes es todo agente, fuerza, condición o combinación de ellas que determina el tipo y la cantidad de materia y de energía que dispone el sistema para el desarrollo de los procesos, y que, al determinar y cambiar sus propiedades, afecta, ha afectado o puede afectar, la evolución y desarrollo de los suelos y/o de los paisajes. (Rondón y Elizalde, 1994).

prácticas de manejo, diversas investigaciones han demostrado que la labranza convencional de las tierras agrícolas destruye los agregados del suelo, lo que acelera la oxidación de la materia orgánica que actúa como agente cementante entre las partículas y por tanto, se afecta la estructura del suelo y algunas propiedades como la densidad aparente, el espacio poroso total (cantidad y distribución de los poros de diferente diámetro), la capacidad de intercambio catiónico, entre otras. En consecuencia, se altera la tasa de infiltración y se promueve la escorrentía y la erosión resultante, todo lo cual repercute en el crecimiento y desarrollo de las plantas y en la población microbiana y su actividad, que constituyen factores clave en el desarrollo de los ciclos biogeoquímicos de los elementos esenciales para la vida.

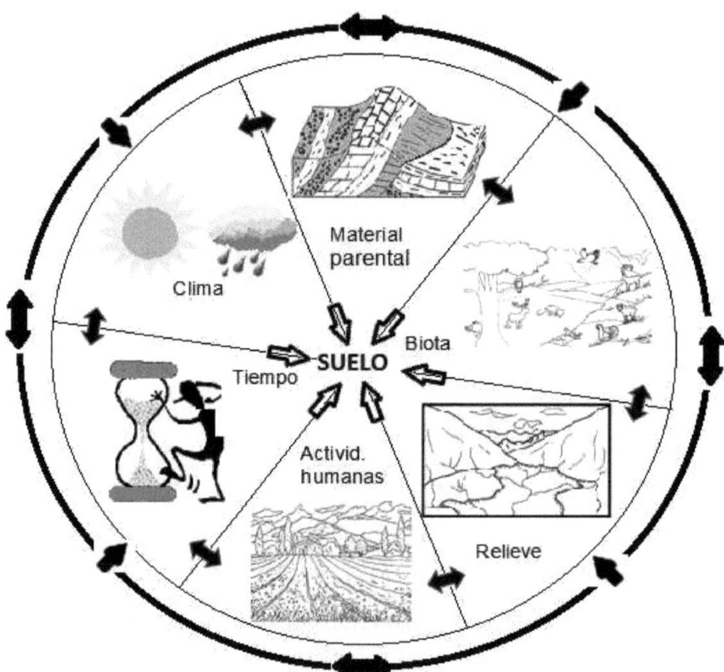

Figura I-1. Interacción de los factores formadores del suelo. Las flechas negras representan la interacción entre los factores y su interdependencia; las flechas blancas indican que el suelo es el resultado de la acción conjunta de todos los procesos promovidos por esos factores. Fuente: elaboración propia.

Los procesos pedogenéticos[2] comprenden la combinación de eventos promovidos por los factores que ocurren en el suelo y que son capaces de provocar un conjunto de cambios y variaciones en su composición, propiedades y condición energética a través del tiempo. Son muchos los procesos específicos que pueden ocurrir, los cuales han sido generalizados en cuatro tipos principales que son: adiciones, transformaciones, transportes y pérdidas. De acuerdo con ello, las variaciones de la materia orgánica de los suelos están determinadas por la acción conjunta y superpuesta de un elevado número de procesos.

El contenido y la composición de **la materia orgánica del suelo (MO),** al igual que las demás propiedades de éste, también están condicionados por los factores formadores mencionados. Este importante componente del suelo se ha definido como la mezcla heterogénea de residuos de plantas y animales en varios estados de descomposición, de sustancias sintetizadas microbiológica y químicamente a partir de los productos de degradación, de los cuerpos de microorganismos vivos y muertos, pequeños animales, sus excretas y restos en descomposición (Schnitzer, 1991). Cabe destacar que la degradación de los residuos de plantas y animales en el suelo constituye un proceso básicamente microbiológico, en el cual, una parte del carbono es reciclado a la atmósfera como dióxido de carbono en condiciones oxidantes (o como metano bajo condiciones anaeróbicas), el nitrógeno de los compuestos orgánicos complejos es transformado en una forma aprovechable por las plantas como amonio y nitrato; otros elementos asociados (fósforo, azufre y numerosos microelementos) son liberados en forma disponible para las plantas superiores. Ello ocurre con aproximadamente el 70 a 80 % de los restos vegetales que están dentro del suelo o inmediatamente sobre él. En

[2] Proceso pedogenético: es toda acción que se produce en el cuerpo natural suelo como un todo, o en alguno de sus componentes, por intercambios de materia y energía entre sus propios componentes y con su medio ambiente (determinado por sus límites) y que, con el tiempo, provoca cambios en la composición, en las propiedades físicas, químicas, biológicas, mineralógicas y/o estructurales, que pueden ser observadas y/o medidas in situ o en muestras aisladas. (Rondón y Elizalde, 1994).

ese proceso, una parte del carbono que no ha pasado a la atmósfera es asimilada por los microorganismos del suelo (biomasa microbiana), y el resto, entre el 20 y 30 % de la biomasa que se incorporó al suelo, es convertido en sustancias húmicas más estables (ácidos húmicos, ácidos fúlvicos y huminas) (Stevenson, 1994). En consecuencia, la MO ejerce una serie de efectos beneficiosos sobre la fertilidad del suelo, no solo a través de la suplencia de nutrimentos, sino además por sus efectos favorables sobre las propiedades químicas (como por ejemplo la capacidad de intercambio catiónico), físicas (por su participación en la formación de agregados), y biológicas (debido a los meso y microorganismos que se asocian a ella), todo lo cual lo capacita para el crecimiento de las plantas (Martínez *et al.*, 2008).

El proceso de formación de las sustancias húmicas en el suelo aún no ha sido bien esclarecido y seguramente es muy complejo. En la figura I-2 se representan en forma esquemática, las cuatro principales teorías que intentan explicar las vías a través de las cuales se originan los compuestos húmicos (Stevenson, 1994). La teoría más antigua sostiene que las sustancias húmicas se originan a partir de la polimerización no enzimática de azúcares y aminoácidos formados como productos secundarios del metabolismo microbiano, como se muestra en la trayectoria distinguida con el número 1 en la figura citada. En las últimas décadas, se han aceptado cada vez más los mecanismos que involucran la formación de quinonas y su conversión posterior a grandes moléculas de sustancias húmicas mediante reacciones de condensación y polimerización, de acuerdo con las vías 2 y 3 de la figura I-2. En el mecanismo 2, los polifenoles que se originan de la actividad microbiana son oxidados enzimáticamente a quinonas, que luego reaccionan con aminocompuestos para formar ácidos fúlvicos y ácidos húmicos. El mecanismo 3 es similar, la diferencia está en que las quinonas provienen de la conversión enzimática de los aldehídos fenólicos y los ácidos liberados de la lignina durante su ataque microbiológico.

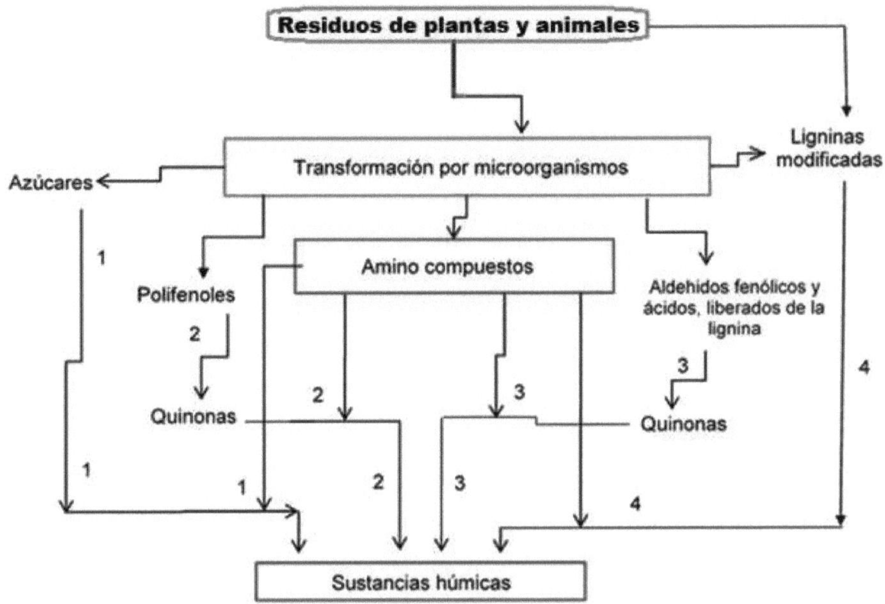

Figura I-2. Mecanismos probables para la formación de las sustancias húmicas (Adaptado de Stevenson, 1994).

La cuarta vía asume que las sustancias húmicas se derivan de la lignina[3], la cual es utilizada en forma incompleta por los microorganismos, de manera que el residuo llega a ser parte del humus.

De acuerdo con Stevenson (1994), todas las vías mencionadas deben ser consideradas como mecanismos probables, que posiblemente actúen simultáneamente en un mismo suelo para la síntesis de ácidos húmicos y ácidos fúlvicos, ya que aún no se ha desarrollado un esquema completamente satisfactorio para explicar la naturaleza y ocurrencia de las sustancias húmicas en los distintos ambientes. Se supone que los

[3] Lignina es el término genérico para un grupo de polímeros aromáticos complejos, de estructura tridimensional y amorfa, que resultan del acoplamiento oxidativo de hidroxifenilpropanoles (como por ejemplo el ácido p-cumárico o el ácido sinápico).

cuatro mecanismos propuestos pueden operar en todos los suelos, pero no en la misma extensión u orden de importancia. Ello dependerá de las condiciones establecidas por los factores formadores, que inciden ya sea directamente sobre las condiciones requeridas por cada una de las vías, o indirectamente por sus efectos sobre otros procesos distintos a la formación de sustancias húmicas, pero que modifican los atributos del ecosistema que afectan (estimulan o inhiben) algunos de los subprocesos indicados en la figura I-2.

La vía que plantea como origen a la lignina podría predominar en suelos pobremente drenados y en sedimentos húmedos, mientras que la síntesis de polifenoles en lixiviados de hojarasca puede ser de considerable importancia en ciertos suelos forestales; por otra parte, las frecuentes y agudas fluctuaciones de la temperatura, la humedad y la irradiación en suelos superficiales pueden favorecer la síntesis del humus por la vía de la condensación de los azúcares con los aminocompuestos.

Se evidencia entonces que el proceso de humificación (que forma parte de los procesos de transformación), estará determinado por los factores formadores y por los otros procesos pedogenéticos, también desencadenados por la interacción de esos factores.

En estudios recientes basados en análisis por espectroscopia de resonancia magnética nuclear (RMN), se han obtenido nuevos conocimientos sobre la estructura de la materia orgánica del suelo y los mecanismos implicados en su estabilización. Con base en esas investigaciones, Berns y Knicker (2014) sostienen que mientras que las vías de humificación anteriores se basaban principalmente en la idea de que los monómeros derivados de biopolímeros degradados se recondensan en macrogeopolímeros recalcitrantes, los conceptos modernos reconocen la supervivencia de biopolímeros parcialmente degradados, debido a los mecanismos de protección física y química.

En el caso específico de los incendios de vegetación, la materia orgánica humificada, que es la que interviene principalmente en la formación de los agregados del suelo (Tisdal y Oades, 1982; Oades, 1984; Oades y Waters, 1991; Rondón y Elizalde, 1994; 1998), es afectada en su composición al ser sometida a temperaturas por encima de los 300 °C (Almendros *et al.*, 1992), de manera que los grupos funcionales que participan en la formación de agregados estables y en la retención de cationes, resultan disminuidos severamente, lo cual favorece la erosión del suelo y la pérdida de su fertilidad. Además, si la temperatura supera los 350 °C las arcillas comienzan a cambiar al estado de cerámica, volviéndose duras y frágiles; paralelamente los cambios en la composición de la MO producidos por los incendios de vegetación conducen a un aumento de la hidrofobicidad del suelo, o repelencia al agua, que se traduce en una disminución de la tasa de infiltración y de la retención del agua necesaria para la subsistencia de la biota, e incrementa la escorrentía; ello aumenta la susceptibilidad a la erosión hídrica en las áreas de mayor pendiente, y la susceptibilidad de inundación y sedimentación en las áreas bajas adyacentes.

Las características de la materia orgánica (cantidad, composición, ubicación dentro de la estructura del suelo), son parte de las propiedades de los suelos más sensibles a la acción de los factores formadores, que tienden a responder de manera detectable en más corto tiempo y se mantienen estables lo suficiente como para que sus cambios puedan ser medidos fácilmente, por ello son considerados indicadores importantes en la evaluación de la calidad del suelo.

CAPITULO II

CONTEXTUALIZACIÓN DE LA CUENCA DEL RÍO MARACAY

CARACTERIZACIÓN GENERAL DEL ÁREA OBJETO DE ESTUDIO

Localización de la Cuenca del río Maracay

La cuenca del río Maracay, se localiza en el sector noreste de la capital del estado Aragua (Venezuela) que tiene el mismo nombre, extendiéndose a partir de la divisoria de aguas que limita la cuenca del Lago de Valencia por el norte, hasta el Lago de Valencia. Forma parte del tramo central de la Cordillera de la Costa, en la vertiente sur de la Serranía del Litoral, al norte del estado Aragua. Sus límites se encuentran aproximadamente: al norte 10º22'de latitud norte; al sur10º12' de latitud norte; este 67º31' de longitud oeste y oeste 67º37' de longitud oeste, ocupando un área de unos 135 km^2 (Figura II-1).

Está conformada por una serie de cuencas que se interconectan a través de un colector principal: el río Maracay. Esta corriente permanente de agua nace en el Cerro Piedra de Turca al noreste de la Fila de Güey a 1.860 metros sobre el nivel del mar (m s. n. m.), extendiéndose hasta el sector Los Olivos, donde recibe las aguas del río Guayamure (Canal de Los Olivos), en la cota de los 453 m s. n. m., con un recorrido aproximado de 12 km., con una pendiente promedio de 12%. A partir de esta confluencia toma el nombre de Río Blanco, denominación que conserva hasta su desembocadura en el Lago de Valencia al sureste de Maracay, entre los sectores Paraparal y Las Vegas aproximadamente a los 408 m s. n. m. Este tramo tiene una extensión de 15 km y una pendiente longitudinal media de 0,3%, lo cual completa un recorrido total de 27 km. (Figura II-2).

Delimitación y ubicación del espacio investigado

Delimitación de los Tramos Alto y Medio de la Cuenca del río Maracay

El área seleccionada comprende las montañas constituidas por las filas[4] La Pedrera, Cola de Caballo, Las Delicias y Puerto Escondido al este; la fila de Choroní

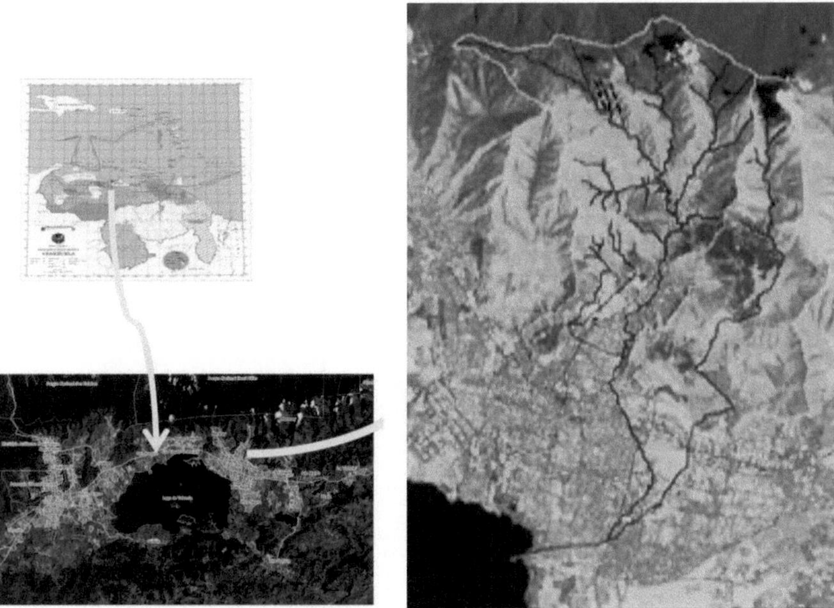

Figura II-1. Localización del área de estudio: Cuenca del río Maracay. Fuente: elaboración propia sobre imagen satelital de Maracay, LandSat ETM, del 14 de marzo de 2000.

al norte y las filas de Güey y del Diablo al oeste y los valles altos y medios que separan estas filas. Se encuentra en su totalidad en el Parque Nacional Henri Pittier y domina topográficamente a varios sectores urbanos de la capital aragüeña, así como la carretera que comunica a Maracay al sur, con Choroní en la costa del mar Caribe, al norte.

[4] Fila: en Venezuela es común denominar "fila" a un área montañosa formada por un conjunto de cerros alineados que frecuentemente delimitan cuencas hidrográficas.

El espacio estudiado se dividió en dos tramos: **el tramo alto**, desde la fila de Choroní al norte, entre las filas La Pedrera y Cola de Caballo al este y la fila de Güey al oeste y se extiende hacia el sur hasta aproximadamente la cota de los 700 m s. n. m., donde se abre o amplía el valle del colector principal de todo el drenaje del área, que es el río Maracay. **El tramo medio** se halla entre la cota de los 700 m s. n. m. y la cota de los 452 m s. n. m., ubicada entre la estribación de la fila Puerto Escondido al este en su intersección con la Avenida José Casanova Godoy de la ciudad de Maracay, hasta el corte que hace esta misma avenida sobre la fila del Diablo al oeste. Esta porción del área estudiada comparte las estribaciones montañosas y piedemonte del Parque Nacional Henri Pittier con la zona del valle del río Maracay (Figura II-2).

Figura II-2. Subcuencas integrantes de la Cuenca del río Maracay.
Fuente: Ruiz *et al.* (2017).

Caracterización General del Área

Los tramos altos y medio de la cuenca del río Maracay la integran cuatro subcuencas. La subcuenca del río Palmarito[5], en la zona del mismo nombre al noreste del sector El Castaño, separada por la fila La Pedrera de la subcuenca del río Planta Vieja, al noreste del cauce principal, (río Maracay propiamente dicho); la subcuenca del río Corozal al oeste del cauce principal; la subcuenca de la Quebrada Las Guasduas, que nace sobre la Serranía de Las Delicias frente al Instituto Nacional de Investigaciones Agropecuarias (INIA) y la subcuenca de la Quebrada Santa Inés, frente a la Urbanización Cantarrana, que da origen al río Guayamure, dominado por la fila de Güey localizada al suroeste. La subcuenca de Caño Colorado o Tucupido, se integra al colector principal muy cerca de su desembocadura en el Lago de Valencia, por lo cual no se incorporó al estudio, que se centró en los tramos alto y medio (Figura II-2).

La porción estudiada de la cuenca del río Maracay, de acuerdo con Hackley *et al.* (2006) discurre en terrenos pertenecientes a tres unidades geológicas como se muestra en la Figura II-3: batolito de rocas ígneas plutónicas denominado Gneis Granítico de Choroní por Mambie (2017) e identificado como Pzag en la figura II-3, en el tramo alto; el Complejo San Julián (Pzsj) y la formación Las Mercedes (JKlm), ambas de origen metamórfico, en las laderas del tramo medio. Las tres unidades conforman una estructura de Horst o Pilar Tectónico que limita por el norte la Depresión del Lago de Valencia. Los terrenos que abarca la cuenca son muy fallados, con presencia de gran cantidad de escarpes y de zonas menos resistentes por donde escurren corrientes de agua, tanto permanentes como periódicas y torrentosas, realizando un trabajo de erosión y transporte en las partes altas, mientras que en el tramo inferior se acumulan los materiales transportados (Qal).

Las rocas predominantes en las laderas (granitos, gneises y esquistos), están cubiertas de un manto de alteración permeable, de profundidad variable, o sedimentos rudáceos coluviales, provenientes de los numerosos deslizamientos en masa que han

[5] De acuerdo con su caudal este río y todos los demás que se mencionan, podrían ser clasificados como riachuelos o arroyos.

ocurrido en la zona. La presencia de parches de regolitos alternados con sedimentos coluviales en un patrón intrincado es una característica que se mantiene en todo el tramo alto y medio (Ríos, 2002). A partir de estos regolitos y coluviones se han formado suelos con texturas livianas, predominantemente arenosa con altos contenidos de grava y esqueleto grueso, sobre los cuales se encuentra una cobertura vegetal que está conformada por una diversidad de árboles, arbustos, hierbas y cañas.

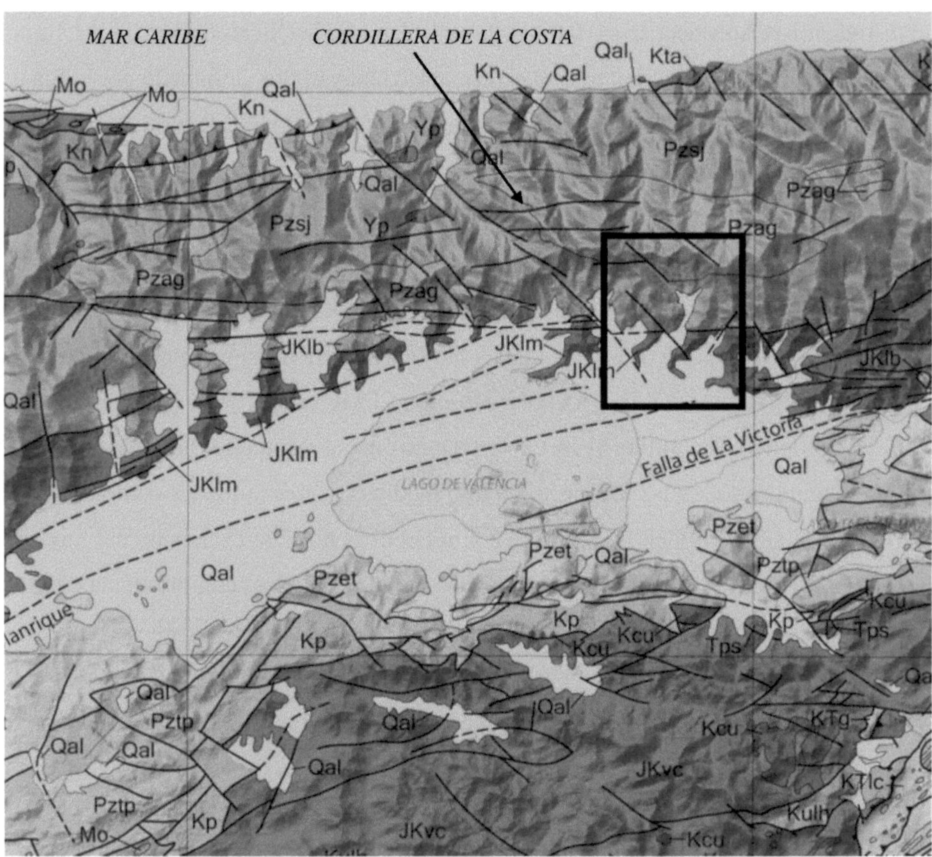

Figura II-3. Geología de la Cuenca del Lago de Valencia. El rectángulo encuadra la cuenca del río Maracay (al centro). Fuente: Mapa Geológico de Venezuela a Escala 1:750.000 (Hackley *et al.,* 2006).

En los diferentes pisos altitudinales se encuentran bosques altos densos siempreverdes (selva nublada) en la parte alta, bosques medios densos semideciduos y deciduos en las partes intermedias, y herbazales arbolados y bosques de galería, en los niveles más bajos.

Las laderas del tramo medio de la cuenca donde se encuentran los esquistos metamórficos de la Formación Las Mercedes, la cobertura vegetal ha sido altamente modificada por las actividades humanas (deforestación, incendios forestales, ...), la erosión ha sido intensa y predominan suelos muy delgados y de baja fertilidad (Ríos, 2002).

Aproximadamente a la altura de la cota de los 700 m s. n. m., comienza el ensanchamiento del valle del río Maracay y ocurre la transición entre la zona de montaña propiamente dicha y el piedemonte En esa parte de la cuenca se distinguen varios conos de deyección en posición de piedemonte, sobre los cuales se asientan sectores suburbanos de la ciudad de Maracay, entre los que se destacan por su extensión y densidad de población, el sector El Paraíso del barrio Corozal y la urbanización El Castaño. A partir de allí el valle se amplía considerablemente y se resalta la presencia de fragmentos de rocas, que van desde bloques de gran tamaño en el área piemontina, hasta cantos pequeños tanto dentro del lecho, como en las márgenes del río.

En la superficie de los conos de deyección se pueden observar bloques de rocas que lentamente van quedando al descubierto, debido a que, durante los períodos lluviosos, se producen escorrentías que erosionan la matriz de sedimentos finos en los que estaban inmersos. Los bloques rocosos se presentan redondeados en su mayoría por efectos del roce al desplazarse tierras abajo envueltos en una matriz de lodo fluido durante procesos torrenciales de grandes magnitudes ocurridos en el pasado, y la acción coadyuvante de la meteorización en escamas concéntricas que ha ocurrido desde su sedimentación hasta el presente.

Debido al gradiente altitudinal que caracteriza la cuenca, a lo largo de la misma ocurren importantes variaciones de temperatura, precipitación y vegetación, que han determinado el desarrollo de los diversos biomas ya mencionados. Especial atención merece la vegetación de galería desarrollada a lo largo de los colectores de aguas, donde la acumulación de humedad sobre suelos más profundos y con mayor contenido de materia orgánica, permite el desarrollo y mantenimiento de una vegetación más resistente a los procesos de evapotranspiración incrementados durante el período seco.

En las partes elevadas ocurren altas precipitaciones que se deben al ascenso orográfico de las masas de aire cálido y húmedo provenientes principalmente del noreste (vientos alisios) que, al ser forzados por la montaña a ascender, se enfrían, produciendo la condensación de la humedad (Figura II-4).

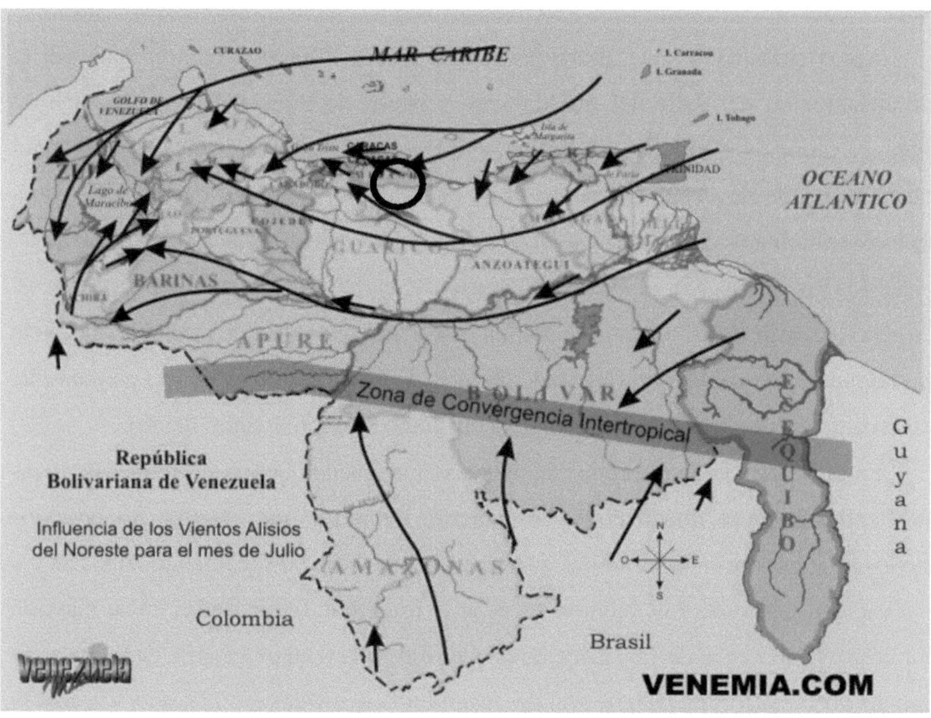

Figura II-4. Dirección de los vientos predominantes sobre Venezuela durante la estación lluviosa. El círculo muestra la ubicación de la zona de estudio. Observar que los vientos provenientes del NE se dividen al llegar a la Cordillera de La Costa Central y ascienden por las laderas de ésta desde el NE y del SE, produciendo las más altas precipitaciones en las partes más elevadas de la Serranía del Litoral de la Cordillera. Fuente: http://www.venemia.com/Vzla/VzlaClima/VeneClima6.php

El volumen y frecuencia de estas precipitaciones en la selva nublada, ocasiona una lixiviación significativa de las bases cambiables en estos suelos (Ríos, 2002) y la meteorización intensa de los suelos y los sedimentos y rocas subyacentes.

El clima de la zona en la parte baja de la toposecuencia es tropical de sabana, con dos períodos bien definidos: sequía (noviembre-mayo) y lluvia (junio-octubre), presentando promedios térmicos de 26 °C y precipitaciones medias de 940 mm (Andressen, 2007). Aunque no se cuenta con medidas directas en el área de estudio, se acepta que estos valores medios varían con la altura de los sitios, como se mencionó, de manera que la temperatura desciende y las precipitaciones aumentan hacia las partes más altas.

A pesar de que gran parte de esta cuenca se encuentra en el Parque Nacional Henri Pittier, en ella se han producido diversas alteraciones en los ecosistemas (incluyendo las propiedades de los suelos), debido a la intensa actividad humana, que ha desencadenado la sustitución de un alto porcentaje del bosque original por vegetación de gramíneas y otras hierbas anuales. Aun cuando el bosque corresponde a la vegetación natural, la asociación de herbáceas anuales es el bioma que más se ha ido expandiendo a expensas del primero. Este proceso se ha acelerado en las últimas décadas, debido a incendios anuales de la vegetación, así como la tala y la construcción de infraestructuras (carreteras, tendidos eléctricos, entre otras). La eliminación del bosque disminuye la calidad de los suelos, lo que se refleja en una vegetación menos densa y diversa, así como en un deterioro de las condiciones favorables para la fauna (Fernández-Badillo y Ulloa, 1990).

El área urbanizada de los espacios de la Cuenca del río Maracay en su tramo medio, se inicia desde el límite mismo del Parque Nacional Henri Pittier, al extremo sur del Área Recreacional Las Cocuizas, donde el valle se hace más amplio.

Antecedentes

En la cuenca del río Maracay se han llevado a cabo algunas investigaciones relacionadas con las propiedades del suelo.

Ríos (2002) estudió las propiedades físicas y químicas de una toposecuencia de suelos que se extendió desde la parte alta de las laderas hasta la llanura aluvial al pie de las mismas, para relacionarlas con la susceptibilidad a producir eventos torrentosos. Ese estudio forma parte de la propuesta del autor de un modelo pedagógico basado en la caracterización del suelo como elemento integrador del ecosistema, de acuerdo con una estrategia metodológica encaminada a la integración de todos los elementos del currículo con el ambiente real y concreto donde se desarrolla la actividad educativa. Ello permite seleccionar motivos que sean significativos para el grupo de participantes y promover el contacto del individuo con la realidad, se facilita de ese modo un aprendizaje más relacionado con las vivencias y experiencias del estudiante, incorporándolas a los aspectos específicos de una disciplina o asignatura determinada. Desde el punto de vista granulométrico, en los suelos de la toposecuencia se destaca la presencia de esqueleto grueso con fragmentos rocosos de diferentes tamaños, composiciones y estadios de descomposición, englobados en una matriz de material más fino. La fracción fina está constituida por arena 50% a 80%, limo 20 y 30%, arcilla escasa, de composición predominantemente caolinítica. En cuanto a las propiedades estructurales, son suelos poco estructurados, generalmente granulares, predominando el grano simple. La densidad real es de 2,63 g/cm^3 por la predominancia de minerales livianos en la fracción arena (fundamentalmente cuarzo), mientras que la densidad aparente va descendiendo progresivamente a medida que aumenta el contenido de arcilla y de materia orgánica y la formación de agregados. El espacio poroso total está dominado por macroporos. En cuanto a la consistencia son suelos no adhesivos y poco plásticos. Destaca lo estrecho de los límites de Atterberg, lo cual hace a los suelos altamente susceptibles a entrar en estado líquido cuando cuentan con la cantidad de agua necesaria para sobrepasar el límite plástico y alcanzar rápidamente el límite líquido con sólo adicionar una pequeña cantidad de agua.

La combinación de suelos con texturas livianas, elevada proporción de macroporos y alta susceptibilidad a la licuefacción, en condiciones de alta pendiente, favorece la ocurrencia de deslizamientos de tierra, aun con lluvias de intensidad y cantidad moderadas.

En cuanto a las propiedades químicas, el pH va pasando desde fuertemente ácido en la parte alta de la montaña hasta moderadamente alcalino en la llanura aluvial, a consecuencia del incremento en el mismo sentido de fósforo, calcio y magnesio, lo cual evidencia el enriquecimiento mineral de las partes bajas a expensas de las partes elevadas.

Posteriormente Romero *et al.* (2004) adelantaron una investigación para la caracterización química de los suelos en los tramos alto y medio de la cuenca del río Maracay, también con fines didácticos y para enriquecer el proceso educativo llevado a cabo en la Universidad Pedagógica El Libertador – Maracay, a partir del estudio del suelo como elemento integrador de la realidad circundante. Entre las propiedades químicas evaluadas se encuentran: pH en agua y KCl, porcentajes de materia orgánica por el método de Walkley y Black (1934) y plomo por digestión en HNO_3 4 M y cuantificación por espectroscopia de absorción atómica de llama. Las muestras de suelos fueron recolectadas en 12 puntos y a dos profundidades: 10 y 20 cm. Los resultados indicaron que el pH de los suelos varía desde fuertemente ácido hasta moderadamente alcalino. Asimismo, los contenidos en promedio de materia orgánica fue 5,31%. Las concentraciones de Pb fueron en general bajas y no representan problemas de contaminación con este metal pesado, lo cual indica que, a pesar de que los puntos de muestreo se encontraban cercanos a carreteras transitadas, hasta el presente esa actividad no ha afectado negativamente ese parámetro ambiental

Sánchez *et al.* (2005), estudiaron la variación del contenido y la composición de la materia orgánica con respecto a la altitud y su influencia sobre la actividad y la biomasa microbiana. En ese estudio, en el que se seleccionaron tres puntos a diferentes alturas (480, 720 y 1000 m s. n. m.), se encontraron los mayores valores de carbono orgánico total (COT) en la zona más elevada, cubierta por vegetación característica de selva nublada y el valor más bajo se observó en el punto ubicado a altura intermedia, donde predomina el bosque de galería. Este valor, comparado con el del área de menor altitud, bajo sabana arbolada, se explicó por el hecho de que esta última, constituye un espacio de depósito de sedimentos (que incluyen materia orgánica humificada), transportados desde los sitios más elevados. En cambio, la zona ubicada a una altura intermedia, está sometida a constante tránsito de material superficial debido a las lluvias o por efecto de las actividades humanas, a consecuencia de lo cual las pérdidas superan a los ingresos. En el mismo sentido variaron los contenidos de K, Ca y Mg intercambiables. En cuanto al pH de los suelos, la tendencia fue a aumentar a medida que disminuía la altitud. En el área más elevada, el carbono extraído con álcali (asociado a fracciones húmicas lábiles y estables de la materia orgánica) expresado como porcentaje con respecto al COT, resultó aproximadamente el doble que el encontrado en las otras dos zonas. La actividad microbiana, evaluada a través de la respiración basal, fue significativamente mayor en la zona alta en comparación con las zonas de menor altitud.

En otra investigación (Carrero *et al.,* 2007) en la que se compararon dos sitios de esta cuenca ubicados a la misma altitud bajo diferentes biomas (herbazal de plantas anuales con predominio de gramíneas y bosque), se encontró que el pH, el contenido de Ca intercambiable y de P disponible, resultaron significativamente mayores en el suelo de herbazal, mientras que los niveles de Mg intercambiable resultaron menores, así como la conductividad eléctrica. El COT y el carbono de la biomasa microbiana en el suelo del bosque de galería, duplicaron los valores observados en el suelo de herbazal. En este último, la población microbiana mostró menor eficiencia en la utilización del carbono y mayor estrés, atribuibles a la menor disponibilidad estacional de agua durante la época seca y al escaso ingreso de materia orgánica fresca.

Ríos *et al.* (2010) realizaron un estudio exploratorio de las propiedades físicas y de la materia orgánica de suelos ubicados en la cuenca del río Maracay para relacionarlas con la susceptibilidad de estos a producir deslizamientos en masa. Se escogieron 12 puntos de muestreo ubicados en los tramos alto y medio de la cuenca del río Maracay, desde la divisoria de aguas en la vía hacia Choroní como punto más al norte, dentro del Parque Nacional Henri Pittier, hasta la Avenida Casanova Godoy como límite sur del estudio. Se caracterizaron, mediante un análisis descriptivo univariante, algunas propiedades físicas y el contenido de materia orgánica de esos suelos. Se compararon las características físicas tomando como referencia su estructura y su asociación con la cohesión y la adhesividad. Se encontró que más del 90% de los suelos estudiados presentan textura gruesa, con contenido medio de arena de 68%, que unido a un coeficiente de variación menor del 15%, sugiere el predominio de suelos altamente arenosos y homogéneos en cuanto a esa característica. Tomando como base la cantidad media de arena y arcilla, se pudo constatar una relación de 10:1. Se observó una correlación alta y positiva entre el espacio poroso total y el contenido de materia orgánica, mientras que la correlación entre el contenido de MO con el limo y la arena es prácticamente nula y la de MO con arcilla es baja. Los índices de plasticidad obtenidos indican que estos suelos son poco plásticos, por tanto, susceptibles de pasar del estado plástico al líquido al agregar porciones reducidas de agua, lo cual incrementa el riesgo de ocurrencia de deslizamiento de los materiales.

También se realizó un estudio exploratorio de las propiedades químicas de suelos localizados en la misma zona de la cuenca del río Maracay (Ríos *et al.* 2016a), para estimar las relaciones entre éstas y la susceptibilidad a ocurrencia de deslizamientos superficiales. Mediante un análisis descriptivo univariado, se evaluó: pH, contenido de materia orgánica (MO), calcio, magnesio, fósforo, potasio y sodio extraídos con solución de Carolina del Norte. Se encontró que la variabilidad de estas propiedades es extremadamente alta. Los coeficientes de variación oscilaron entre 18% y más del 100%. El pH y el contenido de magnesio presentaron los niveles menores de variabilidad. En los suelos con estructura granular los valores de MO, calcio y potasio, resultaron más bajos que en los suelos migajosos. Correlaciones altas positivas se encontraron entre pH y P; K y MO, pH y Ca y Mg con Ca. Además, los resultados de esta investigación sugieren que la desaturación de bases en el complejo de intercambio en los sitios elevados de la toposecuencia, conlleva a la adsorción de elementos tóxicos para las plantas como el aluminio, asimismo, se promueve la formación de minerales secundarios del tipo 1:1 e hidróxidos de aluminio, que tienden a poseer características poco plásticas, lo cual hace a esos suelos susceptibles a deslizamientos superficiales y los transforma en un elemento de riesgo socionatural.

En el Área Recreacional Las Cocuizas, ubicada dentro de la cuenca del río Maracay, a una altura de 720 m s. n. m, se caracterizó la materia orgánica en suelos con vegetación de hierbas anuales (afectados anualmente por incendios de vegetación) y bosque de galería, para estimar su composición y estabilidad (Ríos *et al.*, 2016b). Se observó que los contenidos de las distintas fracciones húmicas respecto al carbono orgánico total y al carbono en el extracto alcalino resultaron significativamente menores en el herbazal anual. Ello indica que, en esa área, la fracción del carbono total que se encuentra humificada (implicada en los procesos de agregación y de intercambio iónico) es más reducida que en el bosque de galería. Además, pudo apreciarse que el cociente C-huminas/COT fue significativamente mayor ($p < 0,05$) en el suelo de herbazal anual, lo que revela la existencia de una mayor proporción de carbono asociado a las huminas en ese bioma, hecho que debe incidir negativamente sobre la tasa de mineralización de la materia orgánica y la liberación de nutrientes, haciendo que estos procesos sean más lentos, por la reducción manifiesta del contenido de las fracciones lábiles. Los autores infieren que, por ser las sustancias húmicas uno de los principales agentes cementantes de los microagregados (que contribuyen a los primeros estadios de formación y estabilización de la estructura), la menor proporción de materia orgánica humificada en los suelos bajo herbazal anual, los hace más susceptible a la erosión y a la degradación.

CAPITULO III

PROCEDIMIENTOS METODOLÓGICOS

SELECCIÓN Y MUESTREO DE LOS SUELOS

Los suelos seleccionados están localizados en la parte alta y media del flanco norte de la cuenca del Lago de Valencia y todos se encuentran dentro del parque nacional Henri Pittier.

Se evaluaron los atributos del suelo en cinco pedones numerados del 1 al 5, ubicados a diferentes alturas sobre el nivel del mar y distintas condiciones ambientales en cuanto a pendiente, cobertura vegetal y clima, pero con materiales parentales similares: regolitos provenientes de un gneis granítico en puntos 1 y 4, brechas coluviales en los puntos 2 y 3 y sedimentos coluvio-aluviales en el 5; todos los sedimentos provienen de materiales geológicos semejantes al primer punto. En el Cuadro III-1 se indican los principales aspectos de los sitios de muestreo. La Figura III-1 muestra la posición relativa de esos sitios. Se destaca que cada uno de los perfiles es dominado por porciones diferentes de la ladera de la Cordillera, a alturas comprendidas entre 1600 y 670 m s. n. m. y no constituyen una secuencia continua. Observar que el perfil 1 se encuentra muy cerca de la cumbre, los perfiles 2, 3 y 4 al pie de las laderas que los dominan topográficamente, y el perfil 5 en posición de piedemonte.

El primer sitio de muestreo se encuentra casi en la cumbre que delimita la cuenca en el sector, a 1.500 m de distancia del río Maracay, por lo tanto, es dominado por una ladera de pocas decenas de metros de longitud. Las otras zonas se localizan en diferentes sitios de la parte inferior de la ladera que limita la margen izquierda (este) del valle del río Maracay, a menos de 100 m de éste, pero a diferentes alturas sobre el nivel del mar (m s. n. m). Si bien los suelos están ubicados en una sucesión de alturas decrecientes, no constituyen una catena a lo largo de la misma ladera, pero todos se

Cuadro III-1. Características de los sitios de muestreo

Punto	Altura msnm	Temp. * media anual °C	Vegetación y cobertura	% Pendiente Local y erosión	Material Parental	Espesor del suelo (cm)	Posición y pendiente general ladera dominante
1	1.600	18	SN** Sin suelo desnudo	3-8 Sin erosión laminar	Regolito de gneis granítico muy alterado	130	Cresta. Dominante
2	1.293	20	SN/BSV** Sin suelo desnudo	20-30 Sin erosión laminar Cicatrices deslizamientos	Coluvial con bloques de gneis granítico con alteración moderada	180	Dominado por ladera de 470 m longitud y 76 % pendiente.
3	985	22	BSD** Sin suelo desnudo	Irregular Cicatrices deslizamientos	Coluvial con bloques de gneis granítico con alteración moderada	61	Dominado por ladera de 390 m y 64 % pendiente.
4	782	23	HA** 85 % sin cobertura	48 erosión laminar con surquillos	Regolito de granito muy alterado	93	Dominado por ladera de 650 m y 48 % pendiente.
	670	24	HA (BD)** 85 % sin cobertura	8-16 erosión laminar con surquillos y pequeñas cárcavas	Coluvio-aluvial estratificado	120	Terraza en piedemonte dominada por pendiente lateral de 25 % y 140m de largo y pendiente longitudinal de 40 % y 600m de largo

REFERENCIAS: *La temperatura media anual de los sitios se calculó con base a la ecuación propuesta por Jaimes y Elizalde (1990b).
**SN = selva nublada; SN/BSV = transición selva nublada-bosque siempre verde; BSD = bosque semi deciduo; HA = herbazal de *Trachypogon sp.* arbolado con *Curatella americana*; HA (BD) = herbazal gramíneo arbolado (bosque deciduo deforestado).

encuentran a distancias similares de sus respectivos niveles de base en el lecho del río, lo cual favorece la comparación entre los diferentes puntos.

En todas las situaciones, la amplitud de la variación de la temperatura media mensual a lo largo del año es menor de 5 °C. No se dispone de datos de la precipitación en los sitios de muestreo, sin embargo, en la zona hay una estación más seca (diciembre-abril) y otra más húmeda (mayo–noviembre) y un gradiente según el cual la precipitación aumenta con la altura, desde un valor cercano a 900 mm anuales en la parte baja de la cuenca, hasta más de 1.800 mm anuales en sitios de la selva nublada cercanos al estudio (Andressen, 2007).

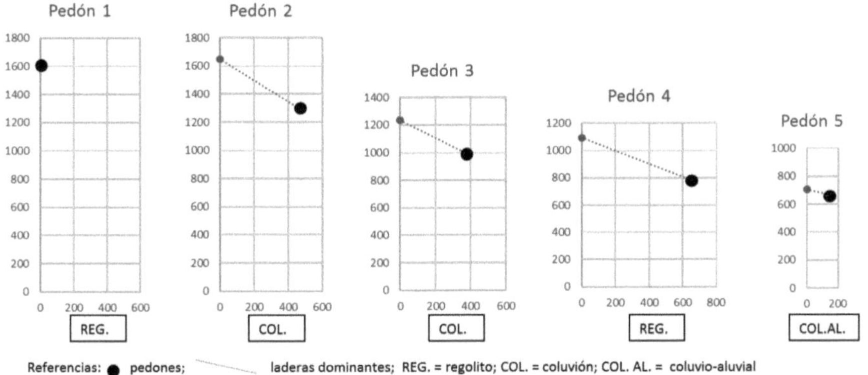

Figura III-1. Ubicación relativa de los perfiles. Las ordenadas indican las alturas de los sitios en metros sobre el nivel del mar; las abscisas indican la longitud de las laderas que dominan los sitios (en metros). REG., COL. y COL.AL. se refieren a los materiales parentales: regolitos, coluvión y coluvio-aluvial, respectivamente.

El incremento de la precipitación con la altura se ve reforzado en la parte alta por la condensación de la humedad atmosférica en el follaje de la selva nublada, lo cual determina que la superficie del suelo se mantenga húmeda en los puntos 1 y 2, aún en la época seca (régimen de humedad údico). En los sitios 4 y 5 los suelos se secan durante más de 3 meses continuos (régimen de humedad ústico) y es intermedio, es decir ústico cercano al límite údico en el punto 3. Debido al cambio estacional de las precipitaciones, en el periodo de lluvias el porcentaje de suelo sin cobertura es menor al indicado en el cuadro III-1 para los puntos 4 y 5.

En la zona boscosa, de mayor altura, más húmeda y más alejada de los centros poblados (puntos 1, 2 y 3), los incendios de vegetación son poco frecuentes, pero en las áreas más bajas (puntos 4 y 5) ocupadas por biomas de herbazal de *Trachypogon* y herbazal gramíneo arbolado (a veces denominada sabana de montaña), en zona de vida de bosque seco premontano, ellos ocurren casi anualmente. Abarca y Quiroz (2005), elaboraron un modelo cartográfico del riesgo de incendios en el sector de la ladera sur de la Cordillera de la Costa que domina a la ciudad de Maracay. Determinaron, para la zona donde se encuentran los puntos 1, 2 y 3 bajo riesgo de ignición y moderado riesgo de propagación, pero ellos son moderado y alto, respectivamente, en la zona de los puntos 4 y 5.

Todos los puntos se encuentran cercanos a la carretera que une la ciudad de Maracay con la localidad de Choroní, en la costa del Mar Caribe (Figura III-2). De acuerdo Urbani y Rodríguez (2004), todos se encuentran sobre el Gneis Granítico de Choroní (símbolo AH).

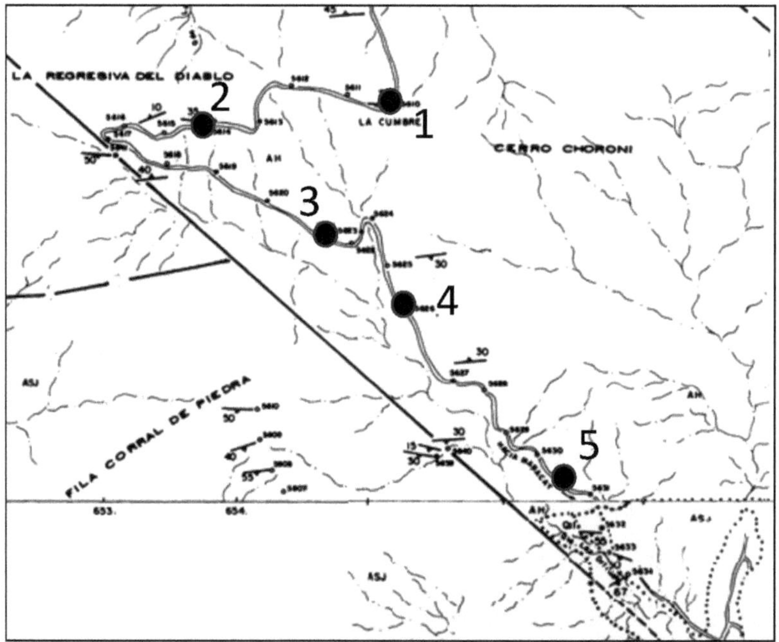

Figura III-2. Ubicación de los puntos de muestreo sobre el Mapa Geológico de la Región de Tremaria y Maracay NE, Hojas 6647-II SE y 6646-I NE (Urbani y Rodríguez, 2004). La línea oblicua que se extiende desde la Regresiva del Diablo hacia el SW muestra la ubicación de una falla paralela y cercana a la margen derecha del rio Maracay.

En cada sitio seleccionado se ubicó un corte del terreno en el que se distinguiera la estructura vertical del perfil de suelo.

Seguidamente se procedió a identificar y describir los criterios adecuados para reconocer los cambios en el perfil que podían ayudar a definir distintos horizontes genéticos.

A continuación, se inició el proceso de muestreo de cada horizonte genético, tomándose muestras compuestas de aproximadamente 4 kg, constituidas por 10 submuestras, dejando de lado los fragmentos rocosos de más de 150 cc (piedras o bloques). En total se recolectaron 26 muestras compuestas, siguiendo el procedimiento explicado en Schoeneberger *et al.* (2012). Cada una de las muestras se secó al aire, se tamizó a 2 mm y se homogenizó previamente a la toma de ensayo para los análisis de laboratorio requeridos.

MÉTODOS UTILIZADOS EN LA DETERMINACIÓN DE LAS VARIABLES

En este estudio se centra la discusión principalmente sobre las siguientes propiedades determinadas en los análisis de laboratorio: % (porcentaje[6]) de carbono orgánico total de todos los horizontes (COT); % de carbono de las huminas (CHUM); % de carbono de los ácidos húmicos (CAH); % de carbono de los ácidos fúlvicos (CAF); % de carbono no humificado (CSNH); cmol/kg de calcio intercambiable (Ca INT); cmol/kg de aluminio intercambiable (Al INT); cmol(+)/kg de capacidad de intercambio catiónico (CIC); suma de bases intercambiables; pH en agua 1:1.

El carbono orgánico total (COT) se determinó mediante el método de digestión húmeda de Walkley y Black (1934), basado en la oxidación del carbono orgánico por

[6] La unidad internacional es $g.kg^{-1}$ pero actualmente se dispone en la literatura de grandes cantidades de referencias expresadas en porcentaje (%), por ello se ha preferido en algunos casos utilizar esta última forma para facilitar la comparación con los antecedentes. Además, la transformación de una en otra es muy sencilla por medio de la fórmula $10. \% = g.kg^{-1}$.

una mezcla de dicromato de potasio y ácido sulfúrico concentrado, acelerada por el calor de dilución del ácido sulfúrico en agua. El carbono orgánico reduce los iones Cr^{+6} amarillo-naranja del dicromato inicial a iones Cr^{+3} de color verde. La cantidad de iones Cr^{+6} consumida en esta reacción, que es equivalente a la cantidad de carbono oxidada, se determinó midiendo la intensidad del color verde de los iones Cr^{+3} producidos, en un espectrofotómetro UV-visible a una longitud de onda de 590 nm, y comparando con lecturas de una curva de calibración preparada previamente con soluciones patrones de glucosa, sometidas al mismo tratamiento que las muestras de acuerdo con Gilabert de Brito *et al.* (2015).

Para el fraccionamiento químico de la materia orgánica se siguió el procedimiento propuesto por Ciavatta *et al.* (1990), que se resume a continuación: se mezclaron 10 gramos de suelo con 100 ml de una solución 0,1 M en NaOH y 0,1 M en $Na_4P_2O_7$. Se hizo burbujear nitrógeno a través de la mezcla por 2 minutos, y se sometió la misma a agitación por 24 horas. Luego se centrifugó y filtró (Figura III-3). Se transfirió una alícuota de 25 ml del extracto a un tubo de centrífuga y se acidificó a pH menor de 2 mediante la adición de H_2SO_4 al 50%. Se centrifugó por 20 minutos. El precipitado (que contenía los ácidos húmicos) se separó del sobrenadante por filtración, se redisolvió con NaOH 0,5 M, se traspasó a un balón volumétrico de 50 ml y se aforó con la misma solución de NaOH 0,5 M. El sobrenadante (en el que permanecían los ácidos fúlvicos (AF) y los compuestos no húmicos) se pasó a través de una resina de Polivinilpirrolidona (PVP) insoluble para separar sus componentes. Los compuestos no húmicos pasaron a través de la resina, mientras que los AF fueron retenidos en ella y luego extraídos con NaOH. Ambas fracciones se colectaron en balones aforados de 50 ml y se llevaron a ese volumen. Una vez separadas cada una de las fracciones orgánicas, se determinó el contenido de carbono orgánico en todas ellas: carbono total extraído (CET), el carbono en los ácidos húmicos (CAH), en los ácidos fúlvicos (CAF) y en las sustancias no húmicas (CSNH) por el método de combustión húmeda (Gilabert de Brito *et al.*, 2015). El C de las huminas se calculó mediante la fórmula CHUM = COT – CET.

Con esos valores fue posible determinar los parámetros de humificación propuestos por Ciavatta *et al.*, (1990) para caracterizar la materia orgánica de suelos, materiales o fertilizantes orgánicos y compost, los cuales se calcularon mediante las siguientes ecuaciones:

Índice de Humificación: IH = CSNH / (CAH + CAF);

Grado de Humificación: GH (%) = [(CAH + CAF) / CET].100;

Tasa de Humificación: TH (%) = [(CAH + CAF) / COT].100.

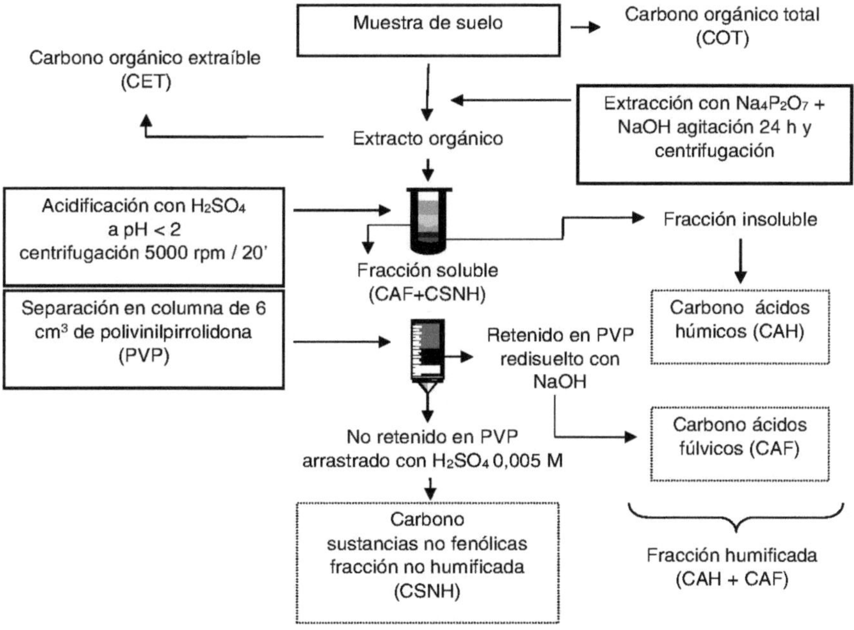

Figura III-3. Esquema del fraccionamiento químico de la materia orgánica del suelo de acuerdo con el procedimiento descrito por Ciavatta *et al.* (1990).

El pH se midió en una suspensión suelo:agua 1:1. La textura se determinó por un procedimiento modificado del método clásico del hidrómetro de Bouyoucos (López y López, 1978). La capacidad de intercambio catiónico (CIC) se estimó mediante el uso del cloruro de bario trietanolamina a pH 8,2 (Page, 1982).

El Nitrógeno total (N) fue determinado por el método de Kjeldhal, (Jackson, 1964). La determinación de Ca, K, Na y Mg se llevó a cabo por espectrofotometría de absorción atómica, a partir del extracto de suelo obtenido con solución extractora Carolina del Norte (Page, 1982). El aluminio intercambiable se determinó por el método descrito por Page (1982).

La homogeneidad de los perfiles se determinó mediante el índice de homogeneidad múltiple (IHM), según el procedimiento descrito por Jaimes y Elizalde (1991) y el programa SIAHT (Elizalde y Daza, 1999).

ANÁLISIS ESTADÍSTICO DE LOS DATOS

EL análisis estadístico de los resultados se basó en la determinación de los promedios ponderados por los espesores de los horizontes de los datos de los perfiles completos y de los 50 cm ó 20 cm superficiales, y la correlación simple de estos valores entre sí y con la altura sobre el nivel del mar de los sitios de estudio.

La relación entre algunas variables y su significación se determinó por medio del coeficiente de correlación y la prueba t de Student de la hoja de cálculo Excel (Microsoft, 2007).

CAPITULO IV

RESULTADOS

ATRIBUTOS DEL SUELO Y ALTITUD

Textura de los suelos

Los 5 perfiles de suelo son diferentes en cuanto a su profundidad, número de horizontes y la mayor parte de las propiedades químicas estudiadas, pero no en cuanto a sus texturas (Cuadros III-1 y IV-1), siendo el **contenido de arena** la fracción que presenta la mayor diferencia entre los perfiles, aunque siempre es alto (Figura IV-1).

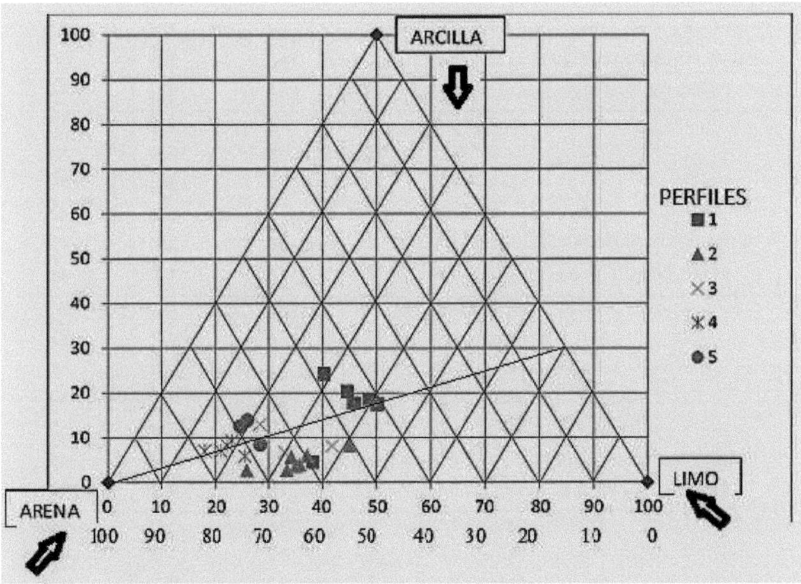

Figura IV-1. Contenidos porcentuales de arcilla, limo y arena de los perfiles estudiados (números 1 al 5). Los vértices representan 100% de las respectivas fracciones. La línea que atraviesa la nube de puntos indica el sentido de la máxima variación granulométrica.

Cuadro IV-1. Algunas propiedades de los suelos estudiados

PUNTO	HORIZ.	ESPESOR cm	TEXT.	Ca INT cmol/kg	Al INT cmol/kg	CIC cmol(+)/kg	SUMA BASES cmol/kg	pH agua 1/1
1	1	3	F	0,08	4,0	25,8	0,43	3,9
	2	6	F	0,03	5,0	22,8	0,29	3,7
	3	7	F	0,02	5,0	23,8	0,24	3,6
	4	21	F	0,03	3,8	15,4	0,23	3,7
	5	35	F	0,02	2,6	11,5	0,21	3,9
	6	58	Fa	0,02	1,6	9,7	0,19	4,2
	PROM. PONDERADO PERFIL			**0,02**	**2,6**	**12,8**	**0,21**	**3,9**
	PROM. POND. < 50 cm			**0,03**	**3,8**	**17,1**	**0,24**	**3,7**
2	1	5	HOJARASCA Y MANTILLO ORGÁNICO NO ANALIZADO					
	2	7	F	1,06	0,0	21,8	2,46	4,7
	3	6	Fa	0,14	1,4	7,7	0,39	4,1
	4	18	Fa	0,04	2,3	6,2	0,21	3,9
	5	36	aF	0,02	1,7	5,3	0,17	4,0
	6	18	Fa	0,02	1,9	5,9	0,17	3,8
	7	68	Fa	0,03	2,1	6,7	0,18	3,6
	8	22	Fa	0,04	2,0	5,1	0,22	3,4
	PROM. PONDERADO PERFIL			**0,07**	**1,8**	**6,5**	**0,28**	**3,7**
	PROM. POND. < 50 cm			**0,19**	**1,5**	**8,2**	**0,24**	**4,0**
3	1	5	Fa	1,16	0,0	14,9	2,56	5,1
	2	8	Fa	5,15	0,0	9,1	6,90	5,4
	3	11	Fa	2,71	0,0	7,2	4,41	5,0
	4	37	Fa	0,77	0,6	4,3	1,74	4,8
	PROM. PONDERADO PERFIL			**1,73**	**0,4**	**6,3**	**2,96**	**4,9**
	PROM. POND. < 50 cm			**1,94**	**0,3**	**6,8**	**3,23**	**4,9**
4	1	4	Fa	0,960	0,0	4,4	1,36	4,5
	2	21	Fa	0,680	0,3	2,9	0,92	4,6
	3	7	Fa	0,450	0,0	2,2	1,52	4,6
	4	21	aF	0,200	0,2	1,9	0,35	5,1
	5	40	Fa	0,210	0,5	3,1	0,35	5,3
	PROM. PONDERADO PERFIL			**0,36**	**0,3**	**2,8**	**0,61**	**4,9**
	PROM. POND. < 50 cm			**0,50**	**0,2**	**2,6**	**0,86**	**4,7**
5	1	8	Fa	3,30	0,0	9,6	4,37	4,4
	2	14	Fa	2,05	0,7	8,1	2,60	4,2
	3	98	Fa	0,49	2,3	9,3	0,70	4,2
	PROM. PONDERADO PERFIL			**0,86**	**1,9**	**9,2**	**1,17**	**4,2**
	PROM. POND. < 50 cm			**1,38**	**1,5**	**9,0**	**1,82**	**4,2**

HORIZ = Horizonte; TEXT = Textura; Ca INT = calcio intercambiable; Al INT = aluminio intercambiable; CIC = capacidad de intercambio catiónico; PROM. POND = promedio ponderado.

Los contenidos de arcilla son bajos, (menos de 20% en la mayoria de las muestras como se observa en la figura IV-1), por lo cual la **clase textural** más frecuente, cuando se eliminan los fragmentos gruesos y grava, es la franco arenosa, salvo los 4 primeros horizontes del pedón 1 y el segundo del perfil 3 que son francos (Figuras IV-1 y IV-2).

Todos los suelos presentan altos contenidos de **esqueleto grueso**, principalmente los perfiles 2, 3 y 5 (Cuadro IV-2), formados sobre sedimentos coluviales o coluvio-aluviales, que contienen una alta proporción de bloques gruesos (los mayores tienen un volumen cercano a 0,3 m^3), mientras que en los perfiles 1 y 4, formados a partir de regolitos, la fracción guesa dominante es de tamaño grava. Todos los perfiles tienden a presentar más arcilla en los horizontes superiores que en los inferiores (Cuadro IV-2 y Figura IV-2).

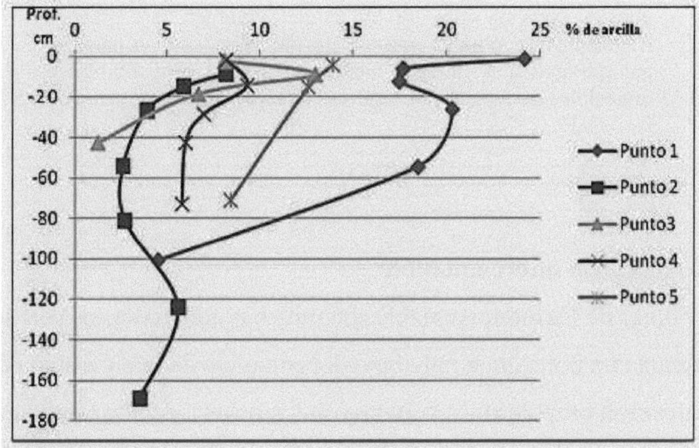

Figura IV-2. Distribución en profundidad de la fracción arcilla en los distintos puntos estudiados.

Cuadro IV-2. Algunas características texturales de los suelos estudiados.

Puntos	Origen y características texturales	% Promedio de arcilla/tierra fina*	
		Perfil completo	50 cm sup.
1	Sobre regolito, sin fragmentos gruesos, pero con grava cuarzosa y de gneis granítico alterado	12,6	19,4
2	Sobre sedimento coluvial, con 50 % del volumen ocupado por fragmentos gruesos de gneis biotítico, con meteorización baja a moderada, a veces recubiertos de coloides arcillosos y de materia orgánica	4,2	4,3
3	Sobre sedimento coluvial con hasta 60 % del volumen ocupado por fragmentos gruesos muy alterados y friables de gneis a biotita	4,3	5,0
4	Sobre regolito de granito muy alterado, con mucha grava cuarzosa	6,3	7,7
5	Sobre sedimento coluvio-aluvial. Los horizontes superiores tienen abundante grava de cuarzo y rocas alteradas. El horizonte inferior presenta más de 80 % del volumen con grandes fragmentos de granito sumamente alterados, que en parte se incorporaron a la muestra analizada, por ser muy friables e imposibles de separar por tamizado, ya que se desmoronan con facilidad	9,3	10,5

* tierra fina: fracción del suelo < 2 mm

Contenido de calcio intercambiable

Los valores de Ca intercambiable son muy bajos en todos los perfiles (Cuadro IV-1) y representan un porcentaje muy bajo del complejo de intercambio en los pedones 1 y 2, pero alcanzan proporciones mayores en los demás, debido tanto al incremento del Ca, como a la disminución del valor de la CIC. En cada perfil el mayor contenido de calcio ocurre en el horizonte superficial, salvo en el punto 3, donde el mayor valor se presenta en el segundo horizonte. El contenido promedio de los pedones 1, 2, 4 y 5 sigue una secuencia creciente desde el 1, que se encuentra a mayor altura, hasta el 5 (ubicado a la menor altura), pero el pedón 3 presenta un valor relativamente muy alto, por lo que se sale de la secuencia y supera a todos los demás perfiles.

Contenido de aluminio intercambiable

Todos los perfiles presentan Al intercambiable (Cuadro IV-1) y el contenido promedio de la totalidad de las muestras es de 1,4 cmol/kg, lo que representa el 17% de la CIC. Como se evidencia en la Figura IV-3, este porcentaje es mayor a 15% en los perfiles 1, 2 y 5, y menor a 10% en los perfiles 3 y 4. El contenido de Al intercambiable tiende a ser mayor en los horizontes profundos, con excepción del pedón 1 (Cuadro IV-1). En los puntos 1 hasta 4, el promedio ponderado del contenido de Al intercambiable es directamente proporcional a la altura del sitio ($R^2 = 0,96$), pero esa tendencia no es seguida por el suelo del punto 5 que, a pesar de estar a la menor altura, contiene una relativamente elevada cantidad de Al, principalmente en su horizonte inferior.

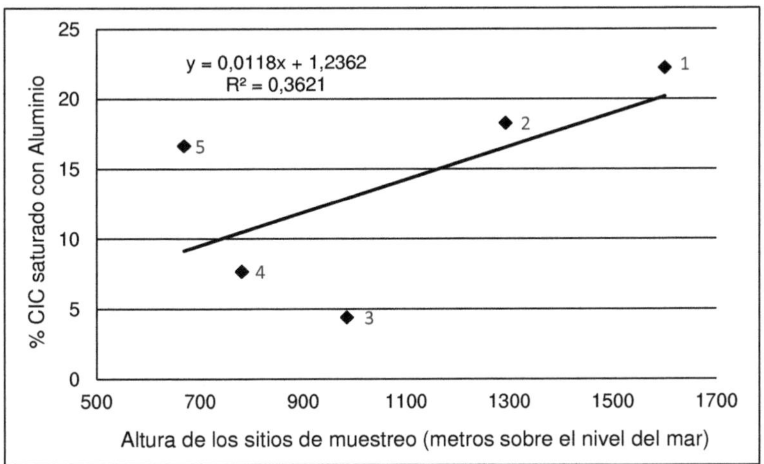

Figura IV-3. Porcentaje promedio de la capacidad de intercambio catiónico saturado con Al para cada calicata, respecto a la altura sobre el nivel del mar de los sitios de muestreo. (CIC = capacidad de intercambio catiónico).

La comparación entre los promedios ponderados de los 50 cm superiores de Ca y Al intercambiables muestra que los perfiles tienen 3 comportamientos diferentes: en los puntos 1 y 2 el contenido de Al es muy superior al de Ca; en los perfiles 3 y 4 ocurre lo contrario y en el perfil 5 ambos cationes se encuentran en cantidades relativamente similares (Figura IV-4).

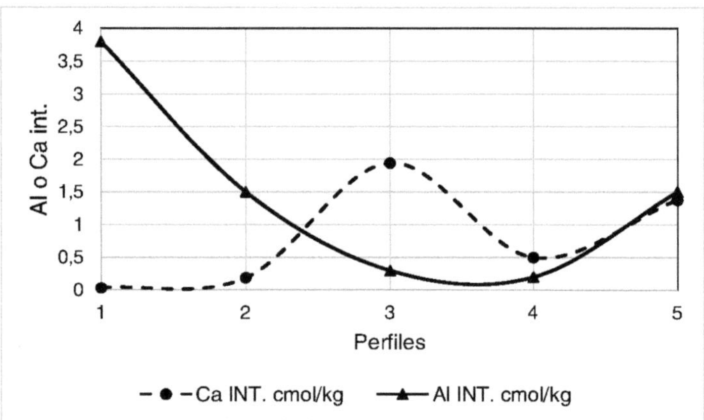

Figura IV-4. Promedios de los contenidos de Ca intercambiable y de Al intercambiable en los 50 cm superiores de los perfiles.

En la figura IV-5 se observa que la relación Al/Ca intercambiables varía estrechamente con el pH de los suelos y que el Al intercambiable incrementa notablemente siguiendo una función potencia en los suelos con pH inferiores a 4 mientras que el Ca intercambiable aumenta a pH superiores a 4.

Capacidad de intercambio catiónico

La capacidad de intercambio catiónico (CIC) en general es baja, excepto en los primeros horizontes de los pedones 1 y 2, donde presenta valores medianos (Cuadro IV-1). Tanto en los perfiles totales como en los 50 cm superficiales, incrementa con la altura del sitio, aunque en el perfil del punto 5 es relativamente alta a pesar de ser el de menor altura.

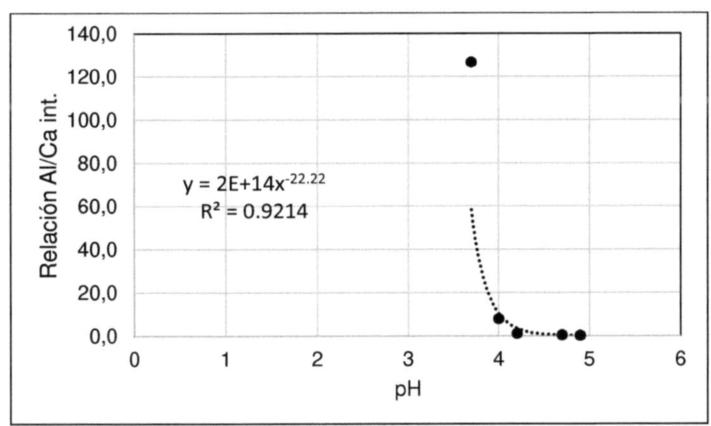

Figura IV–5. Relación entre Al y Ca intercambiables y pH en los 50 cm superiores de los perfiles.

Suma de las bases intercambiables

La suma de las bases intercambiables ($Ca^{+2} + Mg^{+2} + K^{+} + Na^{+}$), presenta valores muy bajos en todos los perfiles (Cuadro IV-1) y sigue la misma tendencia que el Ca, por lo cual la correlación entre ambos parámetros es muy alta (Figura IV-6). Ello se debe a que los restantes cationes básicos del complejo de intercambio tambien siguen la misma tendencia del Ca.

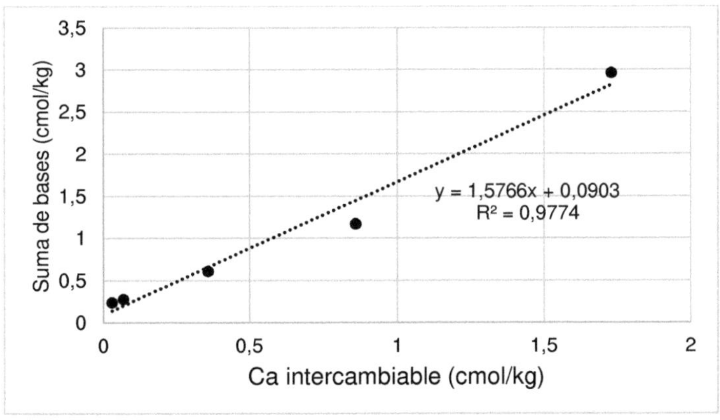

Figura IV-6. Relación entre la suma de bases intercambiables y el Ca Intercambiable en los perfiles completos.

Porcentaje de saturación con bases

El porcentaje de saturación con bases ya sea de los perfiles completos o de los 50 cm superiores muestra dos situaciones claramente diferentes: los perfiles de los puntos 1 y 2, que son los más ácidos y con mayor contenido de Al intercambiable, presentan muy baja saturación, mientras en los demás, si bien también presentan bajos valores, la saturación con bases de la CIC es claramente más alta (Figura IV–7).

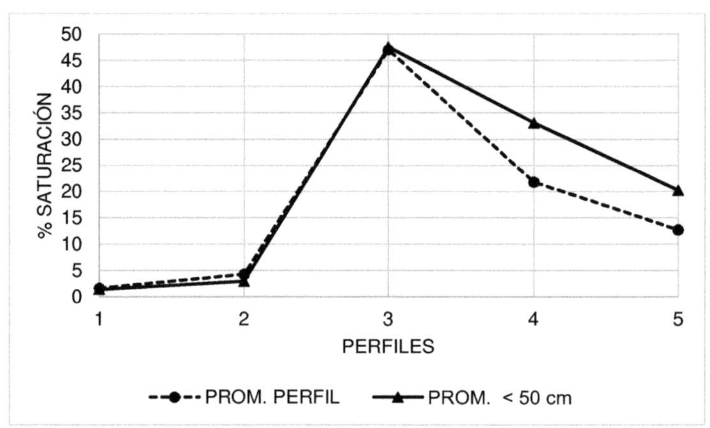

Figura IV-7. Promedios ponderados de la saturacion con bases de los perfiles completos y de los 50 cm superficiales.

Reacción de los suelos

Los suelos clasifican como fuertemente ácidos, tomando en cuenta el criterio de Casanova (2005). Para Porta *et al.* (1999), los suelos de los puntos 3 y 4 son muy fuertemente ácidos y los suelos de los puntos 1, 2 y 5, extremadamente ácidos (Cuadro IV-1). En general, estos resultados concuerdan con lo indicado por Ríos (2002) para otra toposecuencia ubicada en la misma cuenca. En los perfiles 1 y 4, formados a partir de regolitos in situ, el pH incrementa con la profundidad, mientras que, en los otros perfiles, formados a partir de materiales sedimentarios coluviales y coluvio-aluviales, el pH de los horizontes profundos es menor que el de los horizontes superiores (Cuadro IV-1). No existe una relación clara entre el pH y la altitud en la zona bajo estudio, pero en los 2 perfiles ubicados a mayor altura el promedio ponderado es menor a 4, mientras que en los otros 3 es mayor a 4. En estudios realizados por Zinck (1986) en otro tramo de la selva nublada, pero en el mismo Parque Nacional Henri Pittier y sobre suelos derivados de materiales parentales similares, también se observó la tendencia de los valores de pH a disminuir en las posiciones de mayor altura. En suelos de otra región del país (Sierra de San Luis, estado Falcón-Venezuela), Mogollón y Martínez (2009) encontraron que el pH varió de manera inversa con la altura; los investigadores relacionaron esos resultados a los valores más altos de precipitación en los sitios de mayor altura, que determinan un mayor lavado de las bases cambiables. En concordancia con esos resultados, Charan *et al.* (2013), al analizar las variaciones altitudinales de las propiedades físicas y químicas de suelos de montaña de la India, encontraron que el pH correlacionó en forma negativa y significativa con la altitud ($p<0,05$). Resultados parecidos se han indicado en trabajos realizados con suelos de los Estados Unidos en los que se ha observado una disminución del pH con la altitud a lo largo de un gradiente de elevación de 500 m en clima semiárido (Smith *et al.*, 2002).

Las propiedades químicas señaladas se vinculan al volumen y frecuencia de las precipitaciones en la selva nublada, que actuando sobre un ambiente bien a excesivamente drenado, ocasiona una lixiviación significativa de las bases cambiables en estos suelos, las que no alcanzan para neutralizar los ácidos orgánicos formados, lo que conduce a la mayor acidificación de los suelos. Esta mayor acidez incrementa la meteorización de los minerales, favoreciendo que el Al de las estructuras se libere y pase a ser intercambiable y, posiblemente, también precipite bajo la forma de $Al(OH)_3$.

En resumen, puede afirmarse que la ubicación de los puntos de muestreo en diferentes pisos altitudinales determina no solo que ellos se encuentran a diferentes alturas, sino que los sitios difieren también en cuanto a los regímenes de humedad y temperatura de los suelos, además de la fisionomía y composición de la cobertura vegetal. Las texturas livianas de los materiales parentales y las elevadas pendientes de todos los sitios favorecen la meteorización de los minerales, la lixiviación de las bases y la liberación del Al estructural, de lo cual resulta la acidificación de los regolitos y sedimentos que provienen de ellos. En consecuencia, los suelos estudiados eran ácidos desde las primeras fases de pedogénesis.

CARBONO ORGÁNICO TOTAL DEL SUELO

El carbono es el principal elemento químico que forma parte de todos los materiales orgánicos presentes en el suelo, por lo tanto, el contenido de materia orgánica en el medio edáfico puede estimarse a partir de la determinación del carbono orgánico por métodos analíticos.

En esta sección se exponen los resultados relacionados con la cuantificación del carbono orgánico total del suelo y en la siguiente sección se describen los que corresponden al carbono asociado a las distintas fracciones de la materia orgánica.

Como es de esperar, en cada suelo los contenidos de carbono orgánico total (COT) de los horizontes superficiales siempre son más elevados que en los demás horizontes (Figura IV-8). Esos contenidos disminuyen progresivamente desde el punto 1 (más alto) al punto 4; pero los 2 horizontes superficiales del punto 5 (el más bajo), tienen más COT que los respectivos horizontes del punto 4; ello indica que el contenido de COT de ese perfil responde a parámetros diferentes a los demás perfiles.

En la Figura IV-8, también puede notarse que en el suelo 2, formado a partir de sedimentos coluviales, el contenido de COT desciende de manera irregular con la profundidad. Ello es un indicio que ratifica la naturaleza poligénica de los materiales parentales de ese perfil, que estarían formados por lo menos por 3 eventos sedimentarios separados por etapas de pedogénesis.

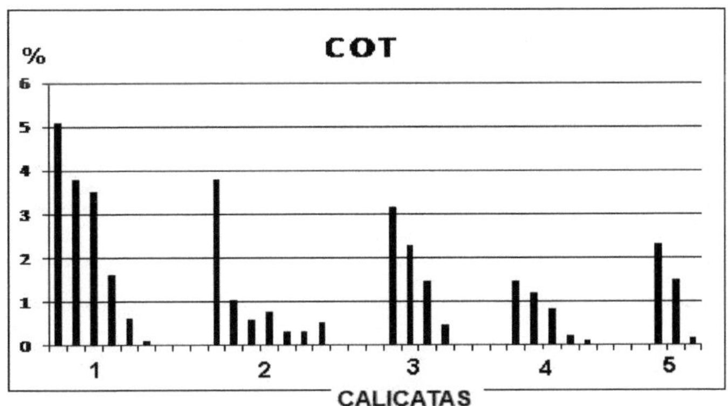

Figura IV-8. Porcentaje de carbono orgánico total (COT) de los diferentes horizontes de los perfiles, desde el punto más alto (1) hasta el más bajo (5). En cada perfil la profundidad de los horizontes incrementa desde las columnas de la izquierda hacia la derecha.

Al ponderar los valores del contenido de COT (expresados en $g.kg^{-1}$) por el espesor de los horizontes en todo el perfil, no se observa claramente la relación entre la altura y el COT indicada, porque el perfil 3 contiene más COT que todos los demás y los valores medios entre los distintos perfiles no son muy diferentes. Pero las diferencias en la altura, que conllevan a diferencias en el clima y la cobertura vegetal, inciden sobre el contenido y composición del COT de los horizontes superficiales, por ello, al considerar solo los primeros 20 cm superiores de los suelos se encontró una correlación positiva y significativa entre el COT y la altitud (R^2 =0,86; p = 0,003) (Figura IV-9). De igual manera, el promedio ponderado del contenido de COT en los 50 cm superiores de cada uno de los perfiles muestra una tendencia definida a aumentar con relación a la altura (Figura IV-10).

Esta alta correlación podría explicarse por el mayor volumen de residuos orgánicos y exudados de las raíces que son aportados al suelo en los sitios de mayor altitud, donde predomina una vegetación boscosa, los cuales, al ser mineralizados, contribuyen a renovar las diferentes fracciones del carbono orgánico (Pascual *et al.*, 2000).

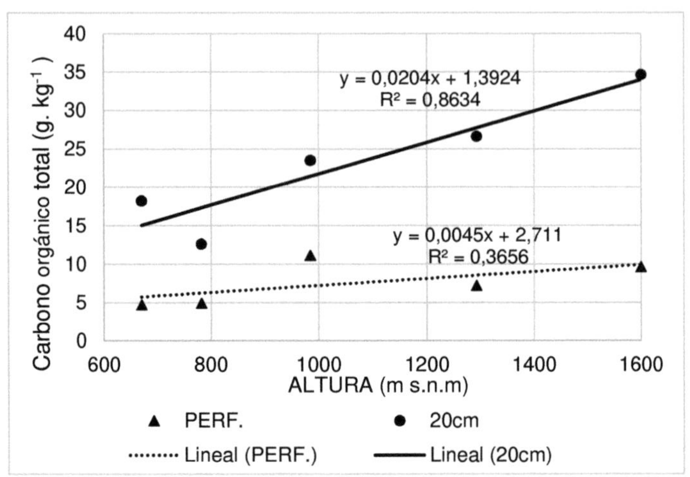

Figura IV-9. Variación del carbono orgánico total con la altura. Promedios ponderados de los perfiles completos (PERF.) y de los 20 cm superiores (20cm). m s. n. m = metros sobre el nivel del mar.

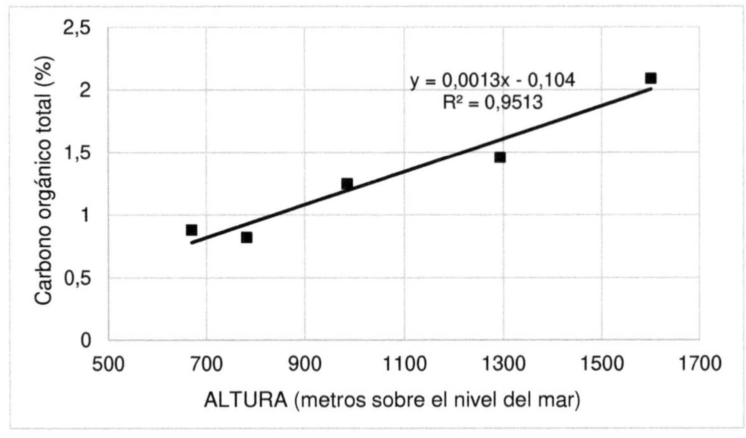

Figura IV-10. Promedio ponderado del porcentaje de carbono orgánico total (COT) en los primeros 50 cm del perfil, respecto a la altura (metros sobre el nivel del mar) de los sitios de muestreo.

Además, en las zonas más altas la tasa de mineralización debe ser más lenta por la menor temperatura (Guntiñas, 2009) y hay menor erosión laminar, en comparación con los puntos que están a menor altura que se encuentran bajo vegetación herbácea y presentan mayor erosión.

Esa tendencia concuerda con los resultados de Jaimes y Elizalde (1990a) quienes, en un marco más general, analizaron los contenidos de carbono orgánico y la relación C/N de 200 epipedones de suelos venezolanos ubicados entre 50 y 4200 metros sobre el nivel del mar y encontraron que ambos parámetros incrementan significativamente con la altitud.

También Ochoa *et al.* (2000) encontraron una correlación positiva y altamente significativa entre el COT y la altitud en suelos de la cuenca del río Santo Domingo (estados Mérida y Barinas, Venezuela), en un estudio que incluyó 256 perfiles entre altitudes de 800 y 3450 m s. n. m. y en el que se concluye que el contenido de carbono orgánico está estrechamente asociado con la altitud y con los atributos edáficos que son más influenciados por los elementos climáticos cuya dinámica depende de la altitud. Asimismo, Mogollón *et al.* (2015) coincidieron con la misma tendencia en relación con el carbono orgánico del suelo y la posición topográfica en un gradiente altitudinal de la península de Paraguaná (Venezuela) entre 1 y 400 m s. n. m. Respecto a otras latitudes, en suelos volcánicos ubicados en ecosistemas naturales de México, a una altitud entre 2650 y 3000 m s. n. m., se observó un incremento en el contenido de carbono orgánico al ascender el transecto (Báez *et al.*, 2006).

En un estudio llevado a cabo en una reserva ecológica al sudeste del estado Washington (Estados Unidos), en clima semiárido, en el que se seleccionó una transecta a través de la cual, el material parental, la vegetación y la textura eran similares a lo largo de una elevación de 500 m (de modo que las diferencias en las propiedades químicas y biológicas del suelo a través del gradiente de elevación estuviesen relacionadas potencialmente con los cambios en el clima determinados por la altitud), se encontraron diferencias significativas en el contenido de carbono orgánico, que incrementó en la zona de mayor altitud (con menor temperatura y mayor precipitación) (Smith, *et al.*, 2002). Por otra parte, en siete perfiles localizados a lo largo de un gradiente altitudinal entre 607 y 1168 m s. n. m. en clima Mediterráneo, en Córdoba (España), se encontró una variación del carbono orgánico entre 2,73 y 3,99% a la profundidad de 0-25 cm, correspondiendo los valores más bajos a los 2 sitios ubicados a menor altura y al evaluar el contenido de carbono orgánico total de los pedones se registró una clara variación condicionada por la posición topográfica (Parras-Alcántara e*t al.,* 2015). Otro ejemplo se observó en una investigación efectuada en un transecto altitudinal en la India, en la que se mostró que el contenido de carbono orgánico del suelo correlacionó positiva y significativamente con la altitud ($p \leq 0,0001$; $r = 0,637$) (Charan *et al.*, 2012).

FRACCIONES LÁBILES Y ESTABLES DE LA MATERIA ORGÁNICA DEL SUELO

I - Consideraciones generales

Las sustancias húmicas constituyen una mezcla física y químicamente heterogénea de compuestos orgánicos macromoleculares de naturaleza mixta, tanto aromática como alifática. Presentan numerosos grupos funcionales y se forman por los procesos descritos en el Capítulo I y resumidos en la figura I-2. En todos ellos participan de diversas maneras los macro y microorganismos vivos que existen en el suelo, los que son esenciales para las transformaciones de resíntesis y polimerización (humificación) a partir de una variedad de moléculas originadas durante la transformación química y microbiológica de la materia orgánica “fresca” que llega al suelo.

Generalmente se usa el término *fracción* para describir un componente medible de la materia orgánica, mientras que el término *compartimiento* (o pool) se utiliza para separar teóricamente componentes con diferente cinética (Galantini y Suñer, 2008). El fraccionamiento químico de la materia orgánica del suelo permite la separación de las distintas sustancias húmicas (ácidos húmicos, ácidos fúlvicos y huminas) y la cuantificación del carbono asociado a ellas. En este contexto, la fracción más estable de las sustancias húmicas comprende las huminas (insolubles tanto en medio ácido y alcalino) y los ácidos húmicos (solubles en medio alcalino e insolubles en medio ácido), que constituyen el compartimiento menos dinámico de la materia orgánica del suelo. Mientras que las fracciones más lábiles, que corresponden al compartimiento teóricamente más dinámico de la materia orgánica, incluyen los ácidos fúlvicos (solubles en medio alcalino y en medio ácido) y la materia orgánica no humificada. Esta última comprende aquellos compuestos orgánicos que pertenecen a especies químicamente reconocibles y no son exclusivas del suelo (básicamente hidratos de carbono – azúcares, celulosas, hemicelulosas, quitina, …, lípidos, proteínas, lignina). El carbono extraíble o carbono orgánico del extracto alcalino (CET) incluye el carbono asociado a los ácidos húmicos, ácidos fúlvicos y sustancias no húmicas, es decir que incluye tanto fracciones lábiles como estables, pero no incluye a las huminas.

Como ha sido expuesto por numerosos autores, de los cuales se consideran principalmente Stevenson (1994), Sánchez Sánchez (2002) y Galantini y Suñer (2008), la formación del humus se inicia en la ruptura, debida en gran parte a la acción de la biota edáfica, de las estructuras complejas de la materia orgánica fresca y liberación de sus componentes más sencillos. Una parte de ellos se difunde hacia la atmósfera edáfica o se disuelve y es transportada y lixiviada o absorbida por las plantas y demás componentes de la biota; otra parte de los compuestos liberados permanece en el suelo y reaccionan entre sí o con otros componentes orgánicos y minerales para formar compuestos de mayor complejidad, que a su vez se recombinan formando nuevas moléculas más grandes y diversas. En esa sucesión de eventos ocurre el colapso de las estructuras de los tejidos presentes en la materia orgánica fresca. Gran parte de los procesos de descomposición y resíntesis ocurren mientras haya acceso a microorganismos y sus enzimas, dando lugar a la evolución de la materia orgánica inicial hacia sustancias húmicas cada vez más complejas. Los diferentes compuestos que participan en estas transformaciones tienen en mayor o menor grado, la capacidad de enlazarse entre sí y con minerales coloidales, dando lugar a la formación de las estructuras edáficas (pre-microagregados, microagregados, macroagregados, terrones y concreciones) (Rondón y Elizalde, 1994, 1997, 1998).

Si bien esos eventos no siguen una secuencia constante, es posible obtener el esquema general del proceso de humificación que se describe a continuación.

ESQUEMA DEL PROCESO DE HUMIFICACIÓN.

Fuente: elaboración propia, basado en diversos autores, principalmente Stevenson (1994), Sánchez Sánchez (2002) y Hayes *et al.* (2017).

ESTADIO 0: Materia orgánica (MO) proveniente de plantas y animales muertos o excretas de ellos, que conserva su estructura y composición original: MATERIA ORGÁNICA FRESCA. Su composición es extremadamente compleja, variable en el espacio y en el tiempo, pero en general predominan los componentes de origen vegetal. Incluye una gran diversidad de compuestos provenientes de macro, meso y microorganismos del suelo.

ESTADIO 1: Descomposición de la MO fresca por actividad de organismos macro y micro, que la utilizan como fuente de energía y de materia para sostener sus metabolismos y formar sus propios cuerpos. La velocidad de las reacciones químicas y bioquímicas involucradas es relativamente muy alta[7]. Como resultado hay una disminución de la cantidad original de MO fresca y liberación o síntesis de compuestos orgánicos que pertenecen a especies químicamente reconocibles y no son exclusivas del suelo: polisacáridos (celulosa y hemicelulosas, etc.), carbohidratos simples, amino azúcares, proteínas, aminoácidos, ácidos grasos, ceras, lignina, resinas, pigmentos, ácidos nucleicos, hormonas, ácidos orgánicos y otros compuestos orgánicos de similar complejidad. En los componentes de origen vegetal predominan las ligninas y la

[7] **D'Acunha Sandoval, B. M.** (2015) encontró en un ensayo puntual en selva amazónica de Perú que los polifenoles y taninos contenidos en hojas de cierta especie arbórea desaparecieron casi completamente en solo 10 días.

celulosa. Se denominan SUSTANCIAS NO HUMICAS. Estas sustancias coexisten con los organismos vivos y parte de la MO fresca que aún no ha sido descompuesta y MO fresca nueva que ha ingresado al suelo. En este estadio se pierde una cantidad importante de la biomasa inicial ya que gran parte de las sustancias orgánicas iniciales son liberadas bajo formas no orgánicas gaseosas, líquidas o sólidos solubles, que escapan del sistema suelo[8].

ESTADIO 2: Primera etapa de Humificación: resíntesis y polimerización de las sustancias no húmicas anteriores que son fácilmente aprovechables por la actividad de microorganismos especializados (diferentes a los que participaron en el estadio 1), capaces de descomponer en ambiente tropical húmedo la mitad de la celulosa y hemicelulosa en unos 3 a 5 meses probablemente, a través de reacciones químicas y bioquímicas de velocidad relativa moderadamente alta.

Como resultado se forman compuestos coloidales, con peso molecular entre 500 y 5000 Da[9], relación H/C alta, elevada acidez, con 1 a 3% de N, solubles en álcalis y ácidos diluidos. En general tienen una naturaleza anfifílica[10] baja. Estos productos son menos degradables que las sustancias no húmicas a partir de las cuales se formaron, pero aún pueden ser utilizados fácilmente por los microorganismos especializados y pueden reaccionar con otros compuestos presentes en su ambiente: son los ÁCIDOS FÚLVICOS. Estos compuestos coexisten con los organismos vivos y parte de la MO

---

[8] En un estudio llevado adelante en áreas de bosque nublado en los Andes colombianos, García-Velásquez *et al.* (2010), encontraron que la hojarasca perdió más del 50% del peso original en los primeros 30 días del ensayo.

[9] Da = **Dalton**, unidad de masa; 1 Da = 1/12 de la masa del átomo de ^{12}C libre, en reposo y en su estado fundamental.

[10] Las **moléculas anfifílicas** poseen un extremo hidrofílico (soluble en agua) y otro que es hidrófobo, es decir que contienen grupos fuertemente no polares y grupos fuertemente polares. La sal sódica del ácido oleico, por ejemplo, posee un solo grupo carboxilo que es polar y tiende a hidratarse con facilidad, y una larga cola hidrocarbonada, que es no polar e insoluble en el agua. Otro ejemplo son los fosfolípidos, cuyo extremo hidrófobo está formado por dos ácidos grasos y el extremo hidrófilo presenta un ácido fosfórico y un aminoalcohol.

fresca que aún no ha sido descompuesta y MO fresca nueva que ha ingresado al suelo, así como las sustancias no húmicas que pueden haberse formado.

ESTADIO 3: Segunda etapa de Humificación: resíntesis y polimerización de los ácidos fúlvicos y de otras moléculas, por medio de reacciones químicas y bioquímicas relativamente lentas, desarrolladas por microorganismos del suelo, dando lugar a nuevos compuestos coloidales, con 2 a 6% de N, peso molecular muy variable, pero comprendido entre 5000 y 1.000.000 Da, estructura muy compleja y una acidez y relación H/C baja. Son solubles en álcalis e insolubles en ácidos diluidos. Su naturaleza anfifílica es mayor que la de los ácidos fúlvicos. Estos productos son menos degradables que los ácidos fúlvicos, pero todavía pueden ser utilizados por los microorganismos si las condiciones ambientales (materiales de origen, relieve, clima) son favorables y el tiempo es extenso: son los ÁCIDOS HÚMICOS. Los ácidos húmicos, al igual que las sustancias definidas en los estadios anteriores, coexisten con los organismos vivos y parte de la MO fresca que aún no ha sido descompuesta y MO fresca nueva que ha ingresado al suelo, así como las sustancias no húmicas y ácidos fúlvicos que pueden haberse formado.

ESTADIO 4: Tercera etapa de humificación: resíntesis y polimerización de los ácidos húmicos y concentración porcentual de los compuestos orgánicos más recalcitrantes contenidos en las sustancias no húmicas provenientes de la descomposición de la materia orgánica fresca original (principalmente ligninas y lípidos en menor cantidad) por medio de reacciones químicas, bioquímicas y biogeoquímicas presumiblemente de muy baja velocidad relativa, también consecuencia de la actividad de microorganismos especializados en la descomposición de sustancias de este tipo (predominantemente actinomicetos y hongos). Los productos resultantes son compuestos orgánicos coloidales que difieren de los ácidos húmicos debido a su contenido elevado de estructuras alifáticas en detrimento de las estructuras aromáticas y carboxilos. Se caracterizan por un peso molecular muy alto, estructura muy compleja, son insolubles en agua, álcalis y ácidos; tienen baja CIC y alta capacidad de formar complejos órgano-minerales con los minerales arcillosos y oxi- hidróxidos de Fe como la goethita y lepidocrocita. La formación de estos complejos protege la descomposición y disolución en álcalis o ácidos de los grupos funcionales lábiles (predominantemente alifáticos) que todavía están presentes en compuestos como la celulosa y hemicelulosa, lípidos, ceras, materiales cuticulares como cutinas y suberinas que son componentes relativamente menores de las plantas. Estos compuestos son las sustancias húmicas más estables: las HUMINAS. También en este caso, aunque resulte repetitivo decirlo, las huminas coexisten con los organismos vivos y parte de la MO fresca que aún no ha sido descompuesta y MO fresca nueva que ha ingresado al suelo, así como las sustancias no húmicas, ácidos fúlvicos y ácidos húmicos que pueden haberse formado. Debe considerarse que la formación de las huminas puede iniciarse desde los primeros estadios de humificación a partir de las ligninas y lípidos contenidos en las sustancias no húmicas, pero la importancia relativa de este proceso debe incrementarse paulatinamente en la medida que las ligninas y otros compuestos recalcitrantes se van concentrando en el humus en los sucesivos estadios de humificación, hasta que, si el tiempo es suficientemente largo, las huminas resultantes llegan a ser el componente más abundante de la materia orgánica del suelo.

Al aislar las huminas de los complejos órgano-minerales con la mínima alteración posible de sus componentes orgánicos, se han encontrado péptidos, especies alifáticas (entre ellas ácidos grasos), carbohidratos y ligninas, además de restos de algas y bacterias (Hayes *et al.,* 2017).

En cada uno de los estadios del 1 al 4, además de la producción de las sustancias húmicas respectivas, se produce la mineralización[11] de parte del sustrato, dando lugar a productos simples, que se incorporan a la solución y atmósfera del suelo, donde quedan a la disposición de las plantas y demás componentes de la biota del suelo, o escapan en las aguas de drenaje y hacia la atmósfera libre circundante.

Como la materia orgánica fresca proviene de una gran cantidad y diversidad de organismos, resulta ser un producto inicial muy heterogéneo, con diferentes grados de

[11] La mineralización consiste en la transformación de un elemento desde una forma orgánica a una inorgánica, como resultado de la actividad de los microorganismos. Los iones inorgánicos pueden entonces ser absorbidos por las plantas (Porta *et al.*, 1999).

susceptibilidad ante la acción de los organismos (macro y micro) que intervienen en la humificación y mineralización respectiva. Por ese motivo, en un suelo y en un momento determinados, bajo condiciones ambientales específicas, una parte de la materia orgánica fresca no es atacada, mientras otra parte es descompuesta inicialmente hasta el estadio 1 y produce sustancias no húmicas y un desprendimiento limitado de los productos de mineralización; de igual manera, en el mismo intervalo de tiempo, otras fracciones de la materia orgánica fresca, aún más susceptibles o degradables, pueden alcanzar los estadios de condensación y polimerización 2, 3 ó 4. Por otra parte, el ingreso de materia orgánica fresca al suelo es continuo (frecuentemente con picos estacionales de máximos y mínimos). La consecuencia de todo ello es que la materia orgánica de un suelo siempre está constituida por una mezcla de materia orgánica fresca, de sustancias no húmicas, de ácidos fúlvicos y húmicos y de huminas, acompañados de los productos de mineralización liberados que aún no han salido del sistema suelo. Ello se representa gráficamente en la Figura IV-11. Algunos de los componentes de la mezcla interactúan a entre sí[12] para formar especies químicas más complejas, de esa forma los materiales de un compartimiento de la Figura IV-11. contribuyen a la formación de los materiales de los compartimientos más complejos de la MO que se encuentran a su derecha. Como se ha expresado, se presume que la velocidad de las reacciones tiende a enlentecerse desde los estadios 1 y 2, donde se forman las sustancias más lábiles, hacia los estadios 3 y 4, donde se forman los compuestos más estables. Ello es esquemáticamente representado en la Figura IV-11 por la longitud de la flecha que se encuentra a la derecha del compartimiento respectivo.

[12] Esta interacción ocurre bajo la forma de reacciones químicas de diversa índole, generalmente con la participación de la microbiota del suelo.

T	ESTADIOS	HUMIFICACIÓN PRODUCTOS					MINERALIZACIÓN PRODUCTOS	
↓	0	MATERIA ORGÁNICA FRESCA					CO_2 NH_3 NH_4^+ N_2O NO_2^- NO_3^- PO_4^{-3}	K^+ $S^=$ $SO_4^=$ H_2S Fe^{+2} Ca^{+2} Otros...
	1		SUSTANCIAS NO HÚMICAS					
	2			ÁCIDOS FÚLVICOS				
	3				ÁCIDOS HÚMICOS			
	4					HUMINAS		
	M.O. SUELO	MATERIA ORGÁNICA FRESCA	SUSTANCIAS NO HÚMICAS	ÁCIDOS FÚLVICOS	ÁCIDOS HÚMICOS	HUMINAS	EN LA SOLUCIÓN O ATMÓSFERA DEL SUELO A DISPOSICION DE LAS PLANTAS O PASAN A LA ATMÓSFERA LIBRE Y A LAS AGUAS DE DRENAJE	

Figura IV-11. Representación gráfica del modelo de humificación considerado en este trabajo. T= tiempo creciente hacia abajo. M.O. = materia orgánica del suelo. Fuente: elaboración propia.

Según Stevenson (1994) y Galantini y Suñer (2008), las sustancias húmicas formadas constituyen compartimientos cuyas propiedades han sido resumidas en la Figura IV-12.

ÁCIDOS FÚLVICOS → ÁCIDOS HÚMICOS → HUMINAS

Aumenta la intensidad del color oscuro
Aumenta el grado de polimerización
Aumenta el peso molecular
Aumenta el contenido de C
Aumenta el contenido en N
Aumenta la formación de complejos órganominerales
Aumenta la resistencia a la descomposición
Disminuye el contenido en O
Disminuye la acidez y CIC
Disminuye la velocidad de las reacciones biogeoquímicas involucradas

Figura IV-12. Propiedades de las sustancias húmicas (basado en Stevenson, 1994, modificado por los autores con base al esquema general del proceso de humificación que se describió previamente y al modelo representado en la figura IV-11). La flecha indica el sentido en que aumentan o disminuyen las características indicadas.

Muchos autores han destacado que la habilidad de las sustancias húmicas (ácidos fúlvicos, ácidos húmicos y huminas) para formar complejos órgano-minerales con los coloides minerales (arcillas y oxihidróxidos, fundamentalmente) es muy importante para proporcionar estabilidad a la materia orgánica del suelo y contribuye a la formación de microagregados de suelo más estables.

De acuerdo a Stevenson (1994), existe una cuantiosa evidencia sobre la formación de complejos constituidos por cationes di y trivalentes y sustancias húmicas. La expresión complejo órgano-mineral describe el resultado de una reacción (complexación) entre un anión complexante orgánico y un elemento mineral del suelo (ión, por ejemplo) (Porta *et al.,* 1999). La habilidad de las sustancias húmicas para formar complejos órgano-minerales, tanto solubles como insolubles, se debe a la existencia en ellas de grupos funcionales que contienen oxígeno, tales como carboxilo (COOH), OH fenólico, grupos C-O de varios tipos (Stevenson, 1994) y grupos que contienen N.

Porta *et al.* (1999) explican que los complejos órgano-minerales del suelo pueden clasificarse en: complejos arcillo-húmicos y complejos organometálicos. Los primeros son muy estables, insolubles, de tamaño relativamente grande y la unión se produce por alguna de estas 3 vías: a) minerales con carga negativa-grupos funcionales de carácter catiónico (aminas, amino azúcares, aminoácidos); b) minerales arcillosos con carga positiva-grupos funcionales con carga negativa (carboxílicos y fenólicos); c) minerales arcillosos con carga negativa-catión polivalente-grupo funcional con carga negativa (carboxílico y fenólico de ácidos húmicos), donde el catión polivalente actúa como puente. Los complejos arcillo-húmicos son muy importantes en la formación de la estructura del suelo, estabilización de la materia orgánica, interacción con plaguicidas, etc.

Los complejos organometálicos tienen estabilidad variable, su solubilidad depende de la carga del elemento, del pH, Eh, abundancia y tipo de materia orgánica; su tamaño es relativamente pequeño, la unión se produce a través de la formación de un quelato[13] con Fe, Al (o Zn, Mn, Cu, Ni, Ca, Mg, ...). Son importantes en procesos de translocación y de inmovilización de metales tóxicos y no tóxicos.

Hernández-Hernández *et al.* (2013 b) destacan que existe diversidad de criterios en la literatura de suelos tropicales, al tratar de explicar qué fracciones de la MO son más importantes en la agregación y estabilización del suelo, con base a lo planteado por Denef *et al.* (2007) y Coleman *et al.* (1989). Autores como Chaney y Swift (1984, 1986) señalan que las sustancias húmicas de mayor peso molecular y con menor grado de oxidación son adsorbidas con más fuerza por la fracción inorgánica, lo que conduce a la formación de agregados más estables. No obstante, otros autores consideran que las sustancias húmicas de bajo peso molecular son más eficientes en la agregación del suelo, por poseer mayor cantidad de grupos funcionales oxigenados libres (López *et al.*, 2004). De igual forma Hayes *et al.* (2017) sostienen que aun cuando una parte de la fracción humina se encuentra estrechamente asociada con los minerales arcillosos del suelo, no es posible afirmar en la actualidad, si esta fracción está contribuyendo a la formación o mantenimiento de la estructura del suelo y se esperaría que los componentes con un mayor contenido en grupos funcionales y una mayor flexibilidad, tendrían más probabilidades de estar implicados en estos procesos.

En el suelo, las arcillas pueden presentar cargas negativas estructurales que son permanentes y cargas variables que son dependientes del pH. En los sitios en los que los procesos de meteorización no han sido intensos, predominan filosilicatos (como las esmectitas, vermiculitas, micas) que presentan cargas eléctricas superficiales, originadas por sustituciones isomórficas dentro de la estructura cristalina, de cationes metálicos por otros de menor carga. Esa carga eléctrica se genera en el momento de la formación del mineral y es permanente (o constante), debido a que no es afectada significativamente por las condiciones del ambiente como el pH o la concentración de electrolitos en la solución que está en contacto con la arcilla. Otras arcillas en cambio

[13] Un quelato es un complejo organometálico que se forma cuando dos o más grupos funcionales orgánicos de un mismo anión complexante orgánico se unen al ion metálico del complejo, formando una estructura de anillo.

presentan superficies con cargas variables, debido a que tienen expuestos OH que al ser sometidos a diferentes condiciones de pH generan cargas negativas o positivas libres. En los suelos tropicales y en los suelos muy meteorizados, los minerales arcillosos de la familia de la caolinita y los óxidos de hierro y aluminio (óxidos anhidros, óxidos hidratados, hidróxidos y oxihidróxidos, tanto cristalinos como amorfos) son abundantes. Esos minerales exhiben carga eléctrica superficial, causada por protonación y desprotonación de grupos hidroxilo que se encuentran en la superficie. La ocurrencia de una u otra de esas reacciones dependen de condiciones ambientales tales como el pH y la fuerza iónica de la solución (Oades *et al.*, 1989), por lo que su carga superficial puede ser positiva o negativa, es decir que pueden atraer tanto aniones como cationes orgánicos, según sea el caso. A todos esos minerales, cuya carga es dependiente del pH se les denomina arcillas de carga variable.

La interacción de minerales y materiales orgánicos de carga variable es controlada, entre otros factores, por el pH del medio. Por ello la posibilidad que se generen condiciones de enlace depende de los respectivos puntos de carga neta cero y del pH del suelo. El punto de carga neta cero (PCNC) de los óxidos, hidróxidos y oxihidróxidos en general (goethita, gibbsita, amorfos) es superior a 7, por lo tanto, a pH inferiores a ese valor actúan como captores de aniones, particularmente de aquellos componentes de la MO que en esas condiciones de pH desarrollen cargas negativas. Lo contrario ocurre con la caolinita que a pH ácidos normales de los suelos mantiene cargas negativas, por ello se enlazará a moléculas orgánicas que presenten carga positiva a esos pH.

Con base en distintos estudios, Oades *et al.* (1989) señalan lo siguiente con relación a la adsorción de las sustancias húmicas en suelos en los que predominan las arcillas con carga variable:

1) La adsorción de las sustancias húmicas sobre los óxidos de hierro y aluminio depende del pH y es mayor a más bajos valores de pH, lo que sugiere que este proceso es controlado por los grupos carboxilo.

2) Debido a que la mayor interacción ocurre entre los grupos carboxilo de las moléculas orgánicas y la superficie de los óxidos, la adsorción es influenciada por la densidad de grupos carboxilo en la macromolécula orgánica.
3) La adsorción es afectada por el tamaño molecular. En el caso de adsorción de macromoléculas, los factores estéricos controlan la cantidad de adsorbente que puede acercarse a la superficie y también la fracción de grupos carboxilato que puede interactuar con la superficie de los óxidos. Así, cuando se adsorben, los polianiones tales como las sustancias húmicas, crearán una nueva superficie de carga variable, pero la carga será dominantemente negativa y el pH en el punto de carga neta cero será bajo.

Según Galantini y Suñer (2008), el balance entre las diferentes fracciones de la MO puede ser considerado un indicador del "estado orgánico" del suelo, vinculado al ambiente físico y los factores que modifican los equilibrios.

Como señalan Dell'Abate *et. al.,* (2002), las fracciones que constituyen la materia orgánica, así como los parámetros calculados a partir de ellas, podrían reflejar la extensión de los procesos de humificación, por lo que han sido consideradas como posibles indicadores de calidad y grado de evolución pedogenética del suelo. Matus y Maire (2000) señalan que tanto las observaciones directas como los modelos de simulación, sugieren que las diferencias en la cantidad y calidad de los aportes orgánicos al suelo son responsables de las proporciones que muestran, en un sitio y momento determinados, los compartimientos orgánicos ubicados en la línea inferior de la Figura IV-11 y de las tasas de mineralización de C y N.

II - Resultados

En relación a la composición de la materia orgánica de los suelos ubicados en la zona de estudio, puede observarse que un alto porcentaje del carbono orgánico total (57 a 73% del COT, en promedio) se encuentra en forma de huminas, que constituyen la fracción más abundante en todos los suelos (Cuadro IV-3, Figura IV-13 y Figura IV-14).

Cuadro IV-3. Promedios ponderados de los porcentajes de las fracciones de carbono orgánico para los perfiles completos y en los 50 cm superiores de cada uno, expresados como porcentajes respecto al carbono orgánico total. *

PUNTO		% COT	% C HUMINAS	% C AC. HÚMICOS	% C AC. FÚLVICOS	% C NO HUMIF.	TASA HUMIF.
1	PROM. POND.	0,96	64	6	14	14	20
	PROM. POND.<50cm	2,09	67	7	12	13	19
2	PROM. POND.	0,72	57	12	16	12	28
	PROM. POND.<50cm	1,46	56	12	14	13	26
3	PROM. POND.	1,11	72	12	8	8	20
	PROM. POND.<50cm	1,25	72	12	8	8	20
4	PROM. POND.	0,49	73	11	7	11	18
	PROM. POND.<50cm	0,82	73	10	6	11	16
5	PROM. POND.	0,46	67	13	11	8	24
	PROM. POND.<50cm	0,88	69	14	13	8	27

* Las fracciones del carbono orgánico están expresadas como porcentaje respecto al carbono orgánico total (y no respecto al suelo); sobre esa base está calculado el valor de la tasa de humificación (TASA HUMIF.), por lo que la misma es igual a la suma del carbono en ácidos húmicos más el carbono en ácidos fúlvicos.

Este hecho concuerda con los resultados de los estudios realizados por Ruiz y Paolini (2005) en la cuenca del Lago de Valencia (dentro de la cual se localiza la cuenca del río Maracay como una subcuenca). El predominio de las huminas manifiesta la tendencia hacia la concentración de las formas más resistentes en todos los perfiles. Los ácidos fúlvicos y el carbono no humificado, que representan estructuras menos maduras y lábiles, aumentan en la materia orgánica de los suelos más altos, a la vez que muestran mayor diferencia entre los perfiles que los ácidos húmicos (Cuadro IV-3), debido probablemente a las razones que han señalado Matus y Maire (2000): mayor diferencia en la composición florística de los sitios y de la intensidad del aporte de materia orgánica fresca.

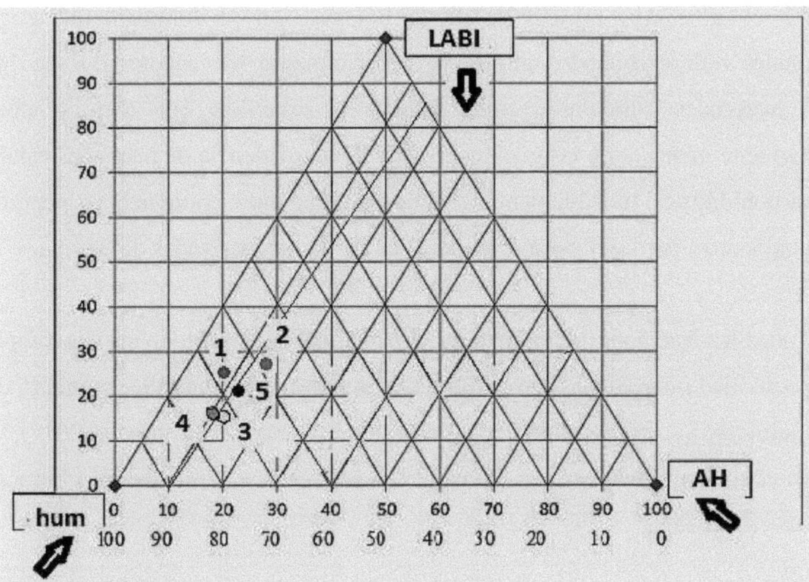

Figura IV-13. Relación entre el porcentaje promedio respecto al COT del carbono de las huminas (hum), de los ácidos húmicos (AH) y de los ácidos fúlvicos y sustancias no húmicas (sustancias lábiles - LABI) en los 50 cm superiores. La línea que atraviesa la nube de puntos indica el sentido de la mayor variabilidad. Las flechas indican el sentido en que deben leerse las escalas. Los vértices representan 100% de LABI, hum y AH, respectivamente.

Como lo han señalado Hayes *et al.* (2017), el hecho de que ahora se disponga de procedimientos para aislar las huminas de los minerales arcillosos a los cuales está frecuentemente asociada y poder estudiar su composición, ha permitido evidenciar más claramente el papel que esta fracción juega en los suelos y en la agricultura y confirmar que participa significativamente en el secuestro del carbono atmosférico. Con base en los resultados derivados de numerosas investigaciones, los autores mencionados infieren que la composición de las huminas difiere considerablemente de la de los componentes de la materia orgánica solubles en medios alcalinos, ya que los estudios más recientes, en los que se han aplicado técnicas analíticas avanzadas, han revelado que los componentes principales de la humina son predominantemente grupos funcionales hidrocarbonados alifáticos, especialmente los encontrados en lípidos, ceras, materiales cuticulares como cutinas y suberinas que son componentes relativamente menores de las plantas. También hay evidencia de pequeñas cantidades de carbohidratos (posiblemente celulosa altamente ordenada), péptidos y peptidoglicanos; pero hay poca evidencia de estructuras derivadas de lignina.

Todas las fracciones de la materia orgánica del suelo pueden ser descompuestas por la actividad microbiana, pero a diferentes velocidades, siendo las huminas, debido principalmente a su composición, relativamente resistentes (Hayes *et al.,* 2017), lo cual implica el aumento paulatino de su concentración relativa a medida que el proceso de humificación avanza.

En los suelos estudiados, las huminas constituyen la fracción que se encuentra en mayor proporción respecto al COT tanto en los perfiles completos como en los 20 cm superficiales, característica que varía muy poco con la altura de los sitios (Figuras IV-14 y IV-15). Ello coincide con los hallazgos de varios estudios publicados que han determinado que con frecuencia las huminas representan el 50% o más del carbono orgánico en suelos minerales, por ello suponen que es el principal contribuyente a la captura y fijación del carbono orgánico por el suelo (Hayes *et al.,* 2017).

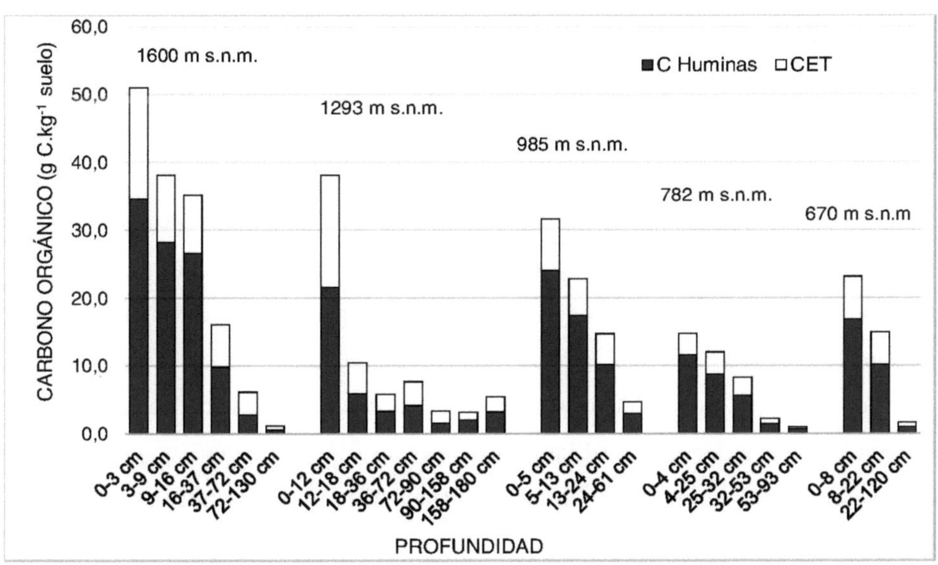

Figura IV-14. Carbono orgánico en la fracción extraíble y en las huminas en los perfiles estudiados. C Huminas = carbono en las huminas; CET = Carbono en el extracto alcalino; m s. n. m. = metros sobre el nivel del mar.

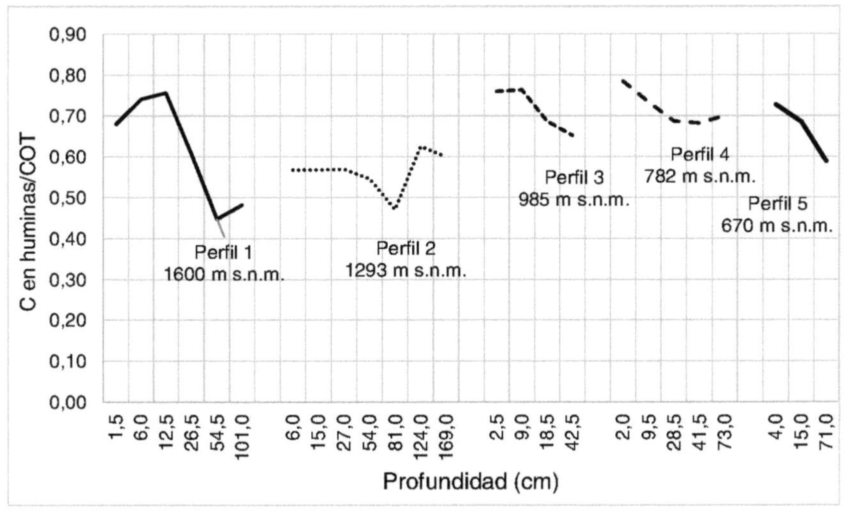

Figura IV-15. Variación de la Relación C en huminas/COT con la profundidad (cm) en cada uno de los perfiles. COT = carbono orgánico total; m s. n. m. = metros sobre el nivel del mar.

Un resultado similar al de la presente investigación, se observó en suelos ubicados en una toposecuencia de materiales calcáreos que se extiende desde la montaña litoral hasta la costa mediterránea valenciana (España); en ese caso, los suelos sobre calizas y uso no agrícola de la montaña litoral resultaron los de mayor contenido de carbono orgánico total y arcilla en comparación con los suelos de utilización agrícola ubicados en topografías casi llanas, pero en todos los puntos considerados, la humina fue la fracción más abundante y siguió un gradiente semejante al indicado para el COT (Molina *et al.,* 2008).

Por otra parte, algunos de los resultados expuestos coinciden con los descritos por Hernández-Hernández *et al*. (2013a) en relación a los suelos de ladera sur de la Serranía del Litoral de la Cordillera de la Costa en el estado Miranda (Venezuela), en los que se evaluaron los contenidos de las fracciones lábiles y estables de la materia orgánica en tres situaciones: **a**-bosque secundario con baja intensidad de pastoreo; **b**-pastos con intensidad media de pastoreo; **c**-pasto con alta intensidad de pastoreo. En ese estudio se apreció que las fracciones más lábiles obtenidas por fraccionamiento químico (CAF y CSNH), fueron mayores en la situación **a**.

En otras investigaciones se ha encontrado un comportamiento diferente en relación a la proporción de C en el extracto alcalino (CET) y en las huminas, siendo a veces mayor el CET, como lo señalan Dell' Abate *et al.* (2002) para suelos de una toposecuencia en clima mediterráneo de Italia. En suelos agrícolas venezolanos, Pulido *et al.* (2009) encuentran que el porcentaje de C contenido en las huminas varía entre 44 y 65%, pero Lozano *et al.* (2011) indican, para suelos del Guárico (Venezuela), que el C de las huminas solo representa alrededor del 30% del COT. Cabe destacar que los suelos agrícolas venezolanos estudiados por esos autores se encuentran en pisos altitudinales más bajos que los del presente estudio, con temperaturas medias anuales más altas (26 a 29 °C) y las precipitaciones tienden a ser menores, con una distribución bi-estacional.

Como se verá más adelante, debido a la ocurrencia de frecuentes incendios forestales en la zona de estudio, no se descarta que estos hayan influido sobre el elevado contenido de huminas, como han encontrado Almendros y González-Vila (2012) en otras áreas.

Cada uno de los demás componentes de la materia orgánica, además de las huminas, contiene entre 6 y 16% del carbono total (Cuadro IV-3). Los valores encontrados para las huminas y los ácidos húmicos en los perfiles totales no se relacionan con la altura del sitio de muestreo, pero los de los ácidos fúlvicos y de C no humificado tienen una clara relación con la altura (Cuadro IV-4). Cuando se considera el contenido promedio de los 50 cm superficiales, todos los componentes de la materia orgánica, salvo los ácidos húmicos, presentan altos valores de R^2 con la altura, como es el caso del C no humificado mostrado en la Figura IV-16.

Del mismo modo que con el COT, en general los contenidos de carbono de las distintas fracciones decrecen regularmente con la profundidad (Cuadro IV-4), salvo en el perfil 2, donde los contenidos de los horizontes cuarto y séptimo son mayores que los de los horizontes que les preceden respectivamente, lo cual es producto del carácter sedimentario de su material parental.

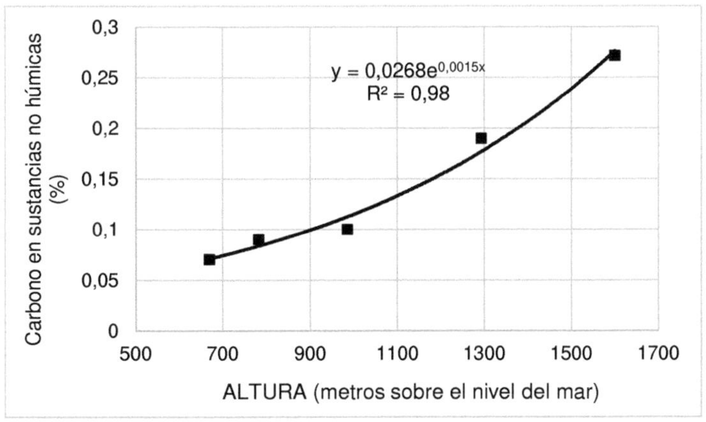

Figura IV-16. Relación entre las alturas de los sitios de muestreo y el promedio ponderado del porcentaje de carbono no humificado de los primeros 50 cm de los perfiles.

Cuadro IV-4. Fracciones del carbono orgánico presentes en los horizontes de los suelos estudiados.

Punto	Altura m s.n.m	Profundidad cm	COT $g.kg^{-1}$	CET $g.kg^{-1}$	CHUM $g.kg^{-1}$	CAH $g.kg^{-1}$	CAF $g.kg^{-1}$	CSNH $g.kg^{-1}$
		0-3	51,0	16,35	34,65	4,7	5,0	5,0
		3-9	38,1	9,89	28,21	2,5	3,3	3,4
1	1600	9-16	35,2	8,59	26,61	1,9	3,5	3,2
		16-37	16,1	6,30	9,8	1,1	2,5	2,8
		37-72	6,1	3,37	2,73	0,2	1,3	1,5
		72-130	1,1	0,57	0,53	0,1	0,3	0,2
	PROM. PERFIL		9,6	3,5	6,1	0,6	1,3	1,4
	PROM. < 20 cm		34,6	9,7	24,9	2,3	3,5	3,5
		0-12	38,1	16,5	21,6	4,4	4,6	4,5
		12-18	10,4	4,5	5,9	1,3	1,9	1,5
		18-36	5,8	2,5	3,3	0,7	0,9	0,8
2	1293	36-72	7,7	3,5	4,2	1,1	1,5	1,1
		72-90	3,4	1,8	1,6	0,4	0,8	0,5
		90-158	3,2	1,2	2	0,3	0,5	0,3
		158-180	5,5	2,2	3,3	0,9	0,8	0,7
	PROM. PERFIL		7,2	3,1	4,1	0,9	1,1	0,9
	PROM. < 20 cm		26,6	11,5	15,1	3,1	3,4	3,2
		0-5	31,6	7,6	24	4,1	2,3	1,3
		5-13	22,8	5,4	17,4	2,6	1,5	1,3
3	985	13-24	14,7	4,6	10,1	2,0	1,5	1,2
		24-61	4,6	1,6	3	0,5	0,4	0,7
	PROM. PERFIL		11,1	3,2	7,9	1,4	0,9	0,9
	PROM. < 20 cm		23,5	6,2	17,3	2,9	1,9	1,4
		0-4	14,8	3,2	11,6	1,4	1,1	0,8
		4-25	12,0	3,2	8,8	1,3	0,7	1,3
4	782	25-32	8,3	2,6	5,7	0,9	0,6	1,1
		32-53	2,2	0,7	1,5	0,2	0,2	0,3
		53-93	1,0	0,3	0,7	0,1	0,1	0,1
	PROM. PERFIL		4,9	1,3	3,6	0,5	0,3	0,5
	PROM. < 20 cm		12,6	3,2	9,4	1,3	0,8	1,2
		0-8	23,1	6,3	16,8	3,4	1,2	1,5
5	670	8-22	14,9	4,7	10,2	2,2	1,2	1,4
		22-120	1,7	0,7	1	0,1	0,4	0,1
	PROM. PERFIL		4,7	1,5	3,2	0,6	0,5	0,3
	PROM. < 20 cm		18,2	5,3	12,9	2,7	1,2	1,4

REFERENCIAS: COT=carbono orgánico total; CET=carbono en el extracto alcalino; CHUM=carbono huminas; CAH=carbono en ácidos húmicos; CAF=carbono en ácidos fúlvicos; CSNH=carbono en sustancias no húmicas. PROM. PERFIL = promedio ponderado en todo el perfil; PROM. < 20 cm = promedio ponderado en los primeros 20 cm de profundidad.

Con base al IHM, al tomar en cuenta las 5 propiedades relacionadas con la materia orgánica de cada horizonte (% de COT, % de C contenido en las huminas, AH, AF y en NH), los suelos de los sitios 2 y 5 son los más homogéneos, a diferencia de los puntos 3 y 4 que se muestran más heterogéneos. Ello significa que en los perfiles 2 y 5, estas variables están más correlacionadas entre sí y sus coeficientes de variación son más bajos que en los demás (Elizalde, 1997).

Cuando se consideran los 20 cm superficiales, el promedio del contenido de carbono orgánico del extracto alcalino (CET) y de sus componentes lábiles (ácidos fúlvicos y sustancias no húmicas), aumenta con la altura de los sitios. No ocurre así para el CAH (fracción estable), como se muestra en las Figuras IV-17 y IV-18. Las huminas siguen una tendencia similar al CAH, pero menos acentuada.

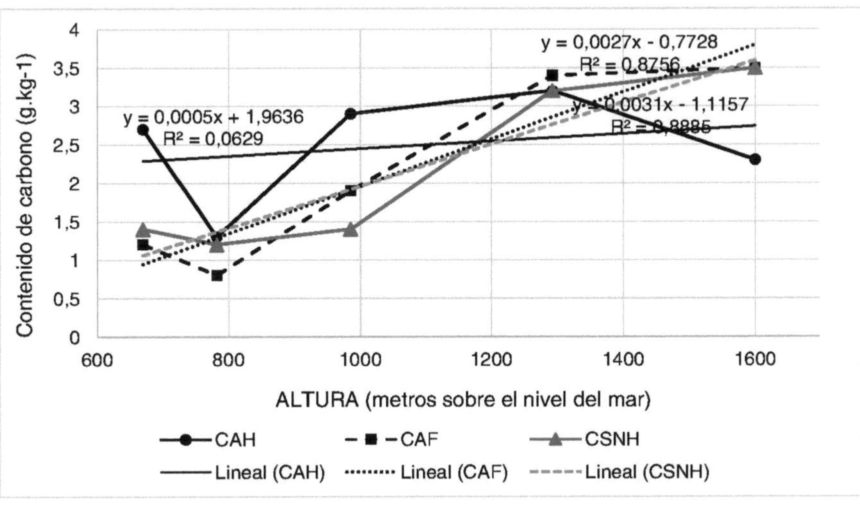

Figura IV-17. Contenido de CAH, CAF y CSNH en los primeros 20 cm del perfil (promedio ponderado) en función de la altura (metros sobre el nivel del mar).

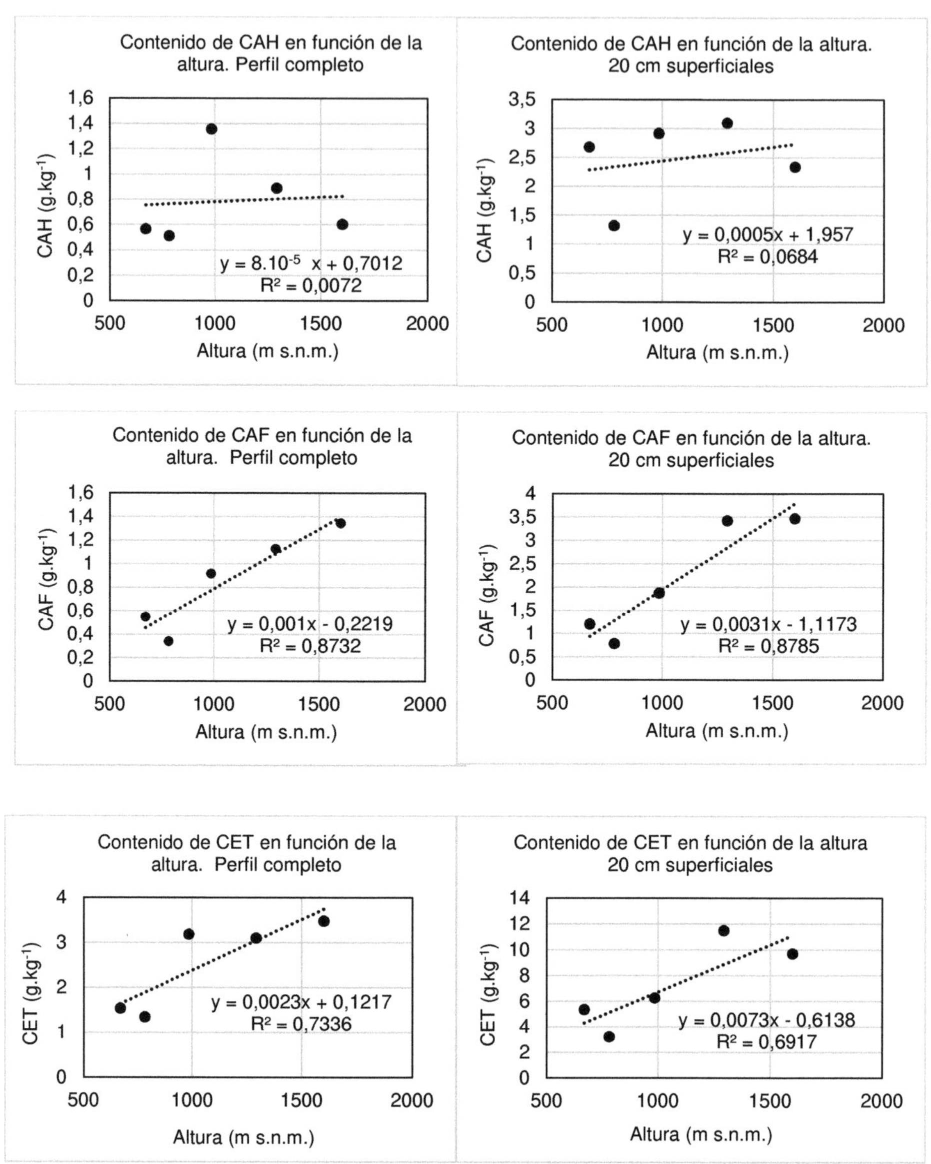

Figura IV-18. Contenido de CAH, CAF y CET en función de la altura. En la columna izquierda los valores de CAH, CAF y CET corresponden a los promedios ponderados en todo el perfil y en la columna derecha a los promedios ponderados en los 20 primeros centímetros del perfil. CET=carbono orgánico extraíble; CAH=carbono en ácidos húmicos; CAF=carbono en ácidos fúlvicos. m s.n.m. = metros sobre el nivel del mar.

El promedio del porcentaje de carbono correspondiente a la fracción humina (CHUM*100/COT) en los 20 cm superficiales de los dos sitios más bajos de la secuencia altitudinal es 72%, y el CAH es 13%, mientras que en los dos puntos más elevados esos porcentajes son 65% y 9% respectivamente (Figura IV-19). Ello indica que hay una tendencia hacia el incremento de las fracciones estables y el correspondiente decrecimiento de las fracciones lábiles al aumentar la temperatura, la frecuencia de los incendios forestales y la erosión, juntamente con la disminución de la precipitación y la cobertura vegetal.

Esto puede notarse sobre todo en los horizontes superficiales de los suelos: en los dos puntos de mayor altura el contenido de CAH es similar o ligeramente inferior al de CAF o al de CSNH, mientras que en los puntos 3, 4 y 5 el contenido de CAH es superior al de CAF o al de CSNH (Cuadro IV-4 y Figura IV-19).

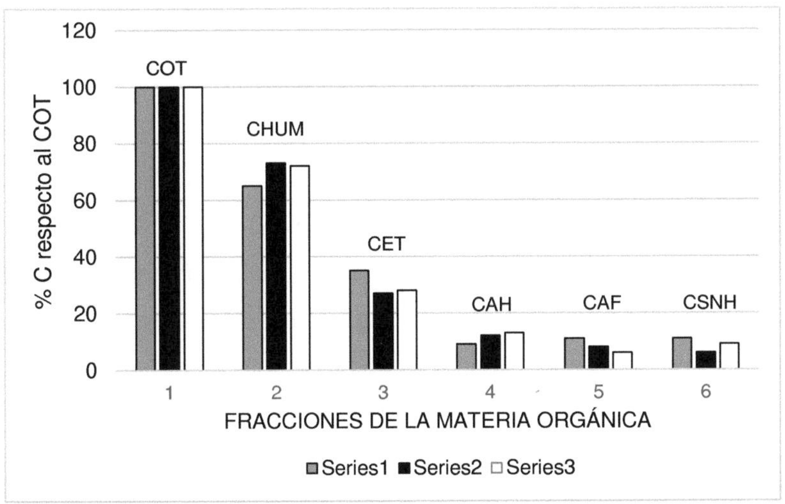

Figura IV-19. Contenido promedio relativo de C de las distintas fracciones del COT en los primeros 20 cm de los perfiles de mayor altura (1 y 2), intermedio (3) y más bajos (4 y 5). SERIE 1= Promedio de los 2 perfiles más altos; SERIE 2= Perfil 3; SERIE 3 = Promedio de los 2 perfiles más bajos. COT=carbono orgánico total; CET=carbono en el extracto alcalino; CAH=carbono en ácidos húmicos; CAF=carbono en ácidos fúlvicos; CSNH=carbono en sustancias no húmicas; CHUM= carbono en las huminas.

Esos resultados concuerdan con los de varios estudios llevados a cabo en suelos en los que han ocurrido incendios forestales y en experimentos controlados de laboratorio (Almendros *et al.*, 1990), en los cuales se ha comprobado que, a consecuencia de las altas temperaturas, se producen formas nuevas de carbono en el suelo, insolubles en álcalis y en ácidos como las huminas y se modifican las ya existentes. Es importante recordar que los incendios de vegetación son frecuentes en las áreas más bajas de la secuencia estudiada, representadas por los perfiles 4 y 5.

Según la literatura uno de los cambios más notables producidos por los incendios en la composición de las sustancias húmicas, se refiere a la solubilidad: en una etapa inicial los ácidos húmicos se transforman rápidamente en un material macromolecular insoluble en álcali y esta insolubilidad va aumentando en las etapas sucesivas. Los ácidos fúlvicos se transforman en macromoléculas insolubles en ácido (semejantes a los ácidos húmicos) y luego en sustancias insolubles en álcali con estructura similar a las huminas (González-Pérez *et al,*, 2004), de allí que se observe una disminución de la extractabilidad en solución alcalina de la materia orgánica del suelo (Almendros y González-Vila, 2012). Los cambios en la solubilidad se relacionan con cambios en la composición elemental de los ácidos húmicos y los ácidos fúlvicos: se ha observado un decrecimiento en el cociente Hidrógeno/Carbono (H/C), lo cual sugiere un incremento en la aromaticidad de los compuestos, así como una disminución en la relación Oxígeno/Carbono (O/C), que muestra una pérdida sustancial de grupos funcionales que contienen oxígeno. La reducción de estos grupos afecta la capacidad de las sustancias húmicas para retener cationes, nutrientes y contaminantes del suelo. De este modo, las altas temperaturas provocan la aparición de nuevos tipos de sustancias húmicas o humus piromórfico, que es un material compuesto de sustancias orgánicas modificadas, con propiedades coloidales disminuidas y mayor resistencia a la degradación química y biológica (González-Vila y Almendros, 2003). El calor también produce reacciones de deshidratación y ciclación que originan estructuras muy condensadas de carbono (Black carbon), muy resistentes a la mineralización

(Almendros *et al.*, 2003). En consecuencia, se origina un aumento de la fracción más estable de las sustancias húmicas (huminas y ácidos húmicos) a expensas de las fracciones más lábiles (materia orgánica no humificada y ácidos fúlvicos). Estos cambios afectan sus propiedades coloidales y su solubilidad, lo cual influye negativamente sobre la formación de los complejos órgano-minerales estables y en la formación de nuevos agregados del suelo estables[14], favoreciendo de este modo la erosión y conduciendo también a una reducción de la capacidad de intercambio catiónico del suelo (González-Vila y Almendros, 2003; Almendros y González-Vila, 2012), disminuyendo su calidad.

De la misma manera, Carballas (2003) ha encontrado que en los suelos afectados por incendios de vegetación suele observarse un gran aumento de las huminas, que resulta la fracción predominante, en detrimento de las demás fracciones humificadas, los ácidos fúlvicos y los ácidos húmicos. De ello se deduce que el fuego disminuye la fracción de la materia orgánica más fácilmente degradable por los microorganismos y deja las más resistentes al ataque microbiano. Esto incidirá sobre la tasa de mineralización de la materia orgánica y la liberación de nutrientes, que serán más lentas; a lo que se suma el efecto negativo sobre la recuperación de los suelos quemados y la regeneración de las plantas, provocado por la reducción de sustancias lábiles, por ser esos compuestos fuente de energía para los microorganismos.

Si bien la retención de agua por la materia orgánica se considera otra contribución de esta al mantenimiento de la fertilidad del suelo, la base de esta retención es la presencia de los grupos funcionales polares hidrófilos en sustancias húmicas, carbohidratos y otros ácidos orgánicos macromoleculares, más los cationes hidratados asociados. Pero no puede afirmarse lo mismo de la fracción humina, pues su naturaleza hidrófoba indica que su papel en la retención de agua es muy reducido. Debido a su

[14] La estabilidad de los agregados de suelo hace referencia a su capacidad para mantener su forma y tamaño al estar sometidos a fuerzas derivadas de la humectación (expansión – contracción), impacto de las gotas de lluvia, el paso de agua o a un determinado proceso dispersivo (Porta *et al.*, 1999).

alto contenido en la mayoría de los suelos bien podría ser, por lo menos en parte, responsable del control del ingreso y la repelencia al agua o el comportamiento no humectante en ciertos suelos. Además, la fracción humina está bien adaptada para adsorber y retener una gama de compuestos lipídicos hidrófobos (tales como grasas naturales, aceites y ceras) (Hayes *et al.*, 2017).

Por lo general, después de un evento de incendio ocurre un aumento de la repelencia al agua en la superficie del suelo o a pocos centímetros por debajo de ella debido a la formación de compuestos orgánicos hidrófobos (lípidos y derivados de lignina más estables y polímeros aromáticos) que se suman a los que ya estaban presentes en los suelos antes de ser afectados por el fuego (Almendros *et al.*, 2003).

Doerr *et al.*, (2000) han encontrado que la hidrofobicidad aumenta significativamente por la presencia de sustancias orgánicas no polares, producidas durante estos eventos incendiarios. La acumulación de compuestos hidrófobos en el suelo, junto con la pérdida de materia orgánica y de nutrientes, desmejoran la capacidad de infiltración de los suelos, lo cual, cuando ocurren precipitaciones de gran intensidad y duración, favorece los procesos erosivos (Badía y Martí, 2003; Badía, *et al.*, 2008). En consecuencia, se impacta la calidad del suelo porque se promueven las pérdidas por erosión que afectan de modo importante su fertilidad natural (González-Pérez, *et al.*, 2011).

Como los incendios forestales ocurren anualmente en la parte baja y media de la cuenca del río Maracay, se supone que deben haber incidido sobre las propiedades físicas, químicas y biológicas de los suelos e influido probablemente de manera notable sobre la naturaleza y la dinámica de la materia orgánica y sobre las propiedades mecánicas de los suelos, aumentando su susceptibilidad a la erosión.

En Venezuela ocurren anualmente eventos adversos relacionados con los deslizamientos en masa del suelo en los sectores montañosos de diferentes cuencas hidrográficas de la región norte-centro (Elizalde y Daza, 2000, 2002, 2003, 2005; Elizalde *et al.*, 2015; López, 2004; López *et al.*, 2007; Pineda *et al.*, 2011), con condiciones geológicas, edáficas, climáticas y topográficas semejantes a las que presenta la cuenca del río Maracay. Elizalde *et al.* (1987) y Audemard y Singer (s/f)[15], analizaron las causas y consecuencias de la tragedia ocurrida en la cuenca del río El Limón[16] por los deslizamientos de tierra y la crecida del citado río en septiembre de 1987, en Maracay, estado Aragua. De la misma manera, Salcedo (2000) analizó los factores que intervinieron en los centenares de deslizamientos de tierra ocurridos simultáneamente en el flanco norte de la Cordillera de la Costa del estado Vargas en 1999, y enfatizó la importancia de aprender de los fenómenos socionaturales sucedidos. El mismo fenómeno también ha sido estudiado por Wieczorek[17] *et al.* Este evento, por su importancia e impacto catastrófico, ha sido objeto de decenas de publicaciones, muchas de ellas disponibles en Internet.

Las causas de esta susceptibilidad en esta región de Venezuela están relacionadas a múltiples factores, entre ellos (por lo explicado anteriormente) es determinante la ocurrencia de frecuentes incendios forestales que se suman a la existencia de suelos poco plásticos propensos a pasar del estado plástico al líquido al agregar porciones reducidas de agua, como lo han indicado varios autores (Rios *et al.*, 2010, Zinck,1986, López y Elizalde, 2005).

Alternativas hipotéticas sobre la tendencia evolutiva de las sustancias húmicas en la toposecuencia estudiada.

La materia orgánica de los 50 cm superiores de los suelos estudiados contiene, en promedio, 65% de huminas, 21% de sustancias lábiles y 14% de ácidos húmicos. ¿Cómo se ha llegado a esa composición a partir de la humificación de la materia orgánica fresca que ha ingresado en cada uno de los perfiles?

[15] (s/f) = sin fecha, consultado en Internet.
[16] Esta cuenca se encuentra a menos de 3 km al suroeste de la zona de estudio.
[17] consultado en Internet 26/11/2017.

La Figura IV-20 muestra dos alternativas hipotéticas de la tendencia evolutiva de las sustancias húmicas de los perfiles estudiados, de acuerdo con el modelo de la Figura IV-11.

Los círculos representan una posible ruta basada en la formación de las huminas por medio esencialmente de la transformación de las sustancias húmicas (ácidos fúlvicos y húmicos) formadas previamente (principalmente ácidos húmicos), por lo cual su proporción alcanza a ser mayor que las otras formas de la materia humificada recién en los últimos estadios de la evolución de la materia orgánica. En los primeros estadios de esta ruta la materia orgánica no humificada y los ácidos fúlvicos se forman rápidamente a partir de la materia orgánica fresca y superan las proporciones de los otros componentes (E1/2); en una segunda fase, son rápidamente *sustituidos por los ácidos húmicos (E3), mientras las huminas se mantienen en baja proporción.

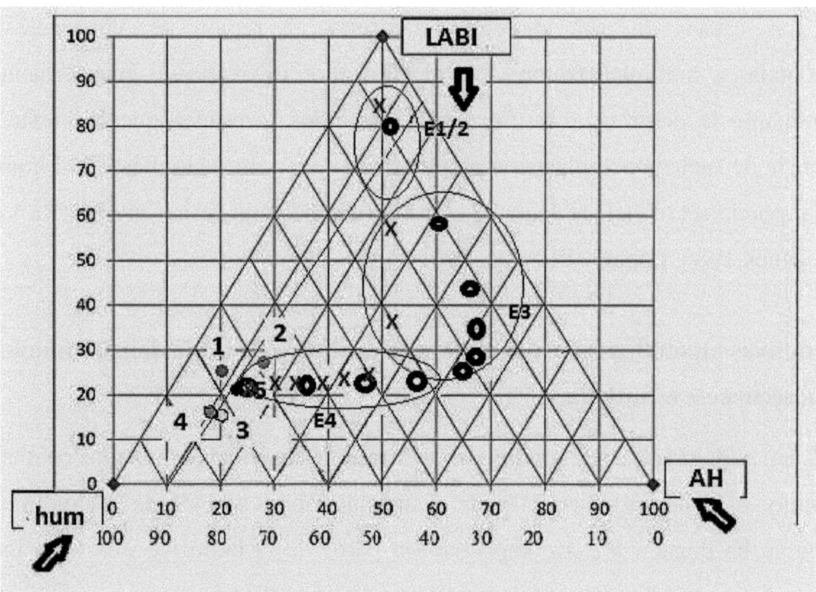

FIGURA IV-20. Alternativas hipotéticas sobre la tendencia evolutiva de las sustancias húmicas en los 50 cm superiores de los suelos de la toposecuencia estudiada. E1/2, E3 y E4 representan los estadios del esquema del proceso de humificación expuesto anteriormente.

En una tercera fase los contenidos relativos de las huminas comienzan a aumentar rápidamente hasta alcanzar las proporciones encontradas en estos perfiles (E4), ya sea porque se forman a expensas de los ácidos húmicos o porque la mineralización de éstos supera su tasa de formación debido a la carencia de los sustratos necesarios, lo que conduce a que la proporción de huminas aumenta respecto al total de MO decreciente. En el caso de los ácidos fúlvicos y sustancias no humificadas, se alcanza un equilibrio entre su tasa de formación a expensas de los aportes de materia orgánica fresca y su descomposición por mineralización y transformación en ácidos húmicos.

Las **X** representan otra posible ruta de formación de las huminas, la que comienza a aparecer tempranamente en el proceso de humificación a expensas de grupos funcionales hidrocarbonados alifáticos, parte de los ácidos grasos, carbohidratos, péptidos y ligninas liberados de las sustancias no húmicas y de los ácidos fúlvicos y húmicos, en la medida que estos materiales se van sintetizando a partir de la materia orgánica fresca. De esa forma las huminas llegan rápidamente a ser un componente importante de la materia orgánica. En este caso hay dos fases: en la primera, más corta, la materia orgánica lábil supera a las demás (E1/2 +E3). En la segunda fase, las huminas aumentan rápidamente mientras la materia lábil y los ácidos húmicos tienden a disminuir en cantidades similares hasta que se alcanzan las proporciones de medidas en los perfiles (E4).

Esas rutas son propuestas que se basan en la información bibliográfica citada en los diferentes capítulos de este libro y en los resultados obtenidos en este estudio, por lo cual podrían considerarse como hipótesis de trabajo para nuevas investigaciones.

RELACIONES ENTRE LAS FRACCIONES DEL CARBONO ORGÁNICO

Relación CAH/CAF

La relación CAH/CAF es un índice del grado de polimerización de los materiales húmicos (Lozano *et al.*, 2011). En la figura IV-21 y en el Cuadro IV-5 es evidente que este índice es más alto en los 20 cm superficiales de los perfiles 3, 4 y 5 que en 1 y 2. En esa figura también se muestra que este índice tiende a decrecer con la profundidad, salvo en el perfil 2. Ello indica que el contenido de CAF disminuye menos acentuadamente con la profundidad que el CAH, debido posiblemente a que, por su mayor solubilidad y menor tamaño molecular, ha sido transportado hacia abajo en mayor proporción.

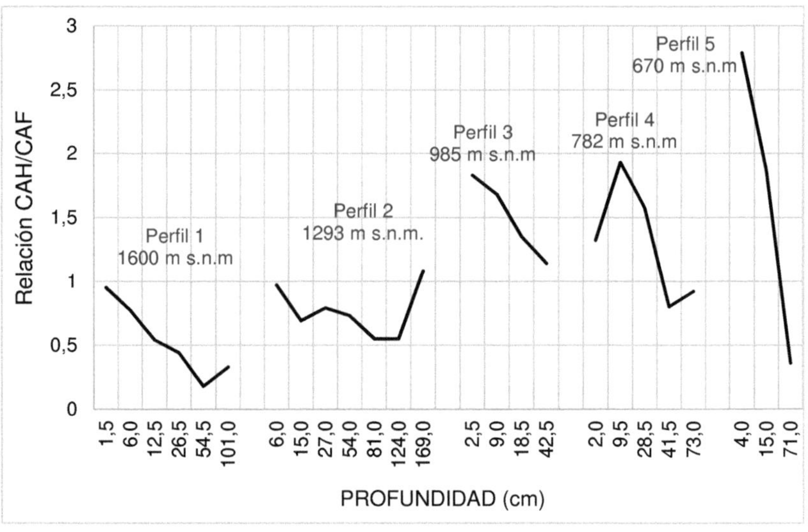

Figura IV-21. Variación de la Relación CAH/CAF con la profundidad (cm). CAH = carbono en ácidos húmicos; CAF = carbono en ácidos fúlvicos; m s. n. m. = metros sobre el nivel del mar.

Cuadro IV-5. Relaciones entre las fracciones del carbono orgánico en los suelos estudiados.

Pedón	Altura msnm	Profundidad cm	CAH/CAF	CAF/COT	CAH/CET	(CAF+CSNH)/CET
		0-3	0,95	0,10	0,29	0,61
		3-9	0,77	0,09	0,26	0,67
1	1600	9-16	0,54	0,10	0,22	0,78
		16-37	0,44	0,16	0,18	0,84
		37-72	0,18	0,22	0,07	0,84
		72-130	0,33	0,25	0,17	0,85
		0-12	0,97	0,12	0,27	0,55
		12-18	0,69	0,18	0,29	0,74
		18-36	0,79	0,16	0,29	0,69
2	1293	36-72	0,73	0,19	0,31	0,72
		72-90	0,55	0,24	0,25	0,74
		90-158	0,55	0,17	0,25	0,69
		158-180	1,08	0,15	0,38	0,65
		0-5	1,83	0,07	0,55	0,48
		5-13	1,68	0,07	0,47	0,53
3	985	13-24	1,35	0,10	0,44	0,59
		24-61	1,14	0,09	0,30	0,68
		0-4	1,32	0,07	0,44	0,59
		4-25	1,93	0,06	0,40	0,61
4	782	25-32	1,57	0,07	0,33	0,62
		32-53	0,80	0,11	0,26	0,70
		53-93	0,92	0,14	0,49	1,02
5	670	0-8	2,79	0,05	0,54	0,44
		8-22	1,87	0,08	0,46	0,54
		22-120	0,36	0,22	0,20	0,76

REFERENCIAS: COT=carbono orgánico total; CET=carbono en el extracto alcalino; CAH=carbono en ácidos húmicos; CAF=carbono en ácidos fúlvicos; CSNH=carbono en sustancias no húmicas.

Cuando se relaciona el cociente CAH/CAF con el contenido relativo de las fracciones lábiles en el extracto **(CAF+CSNH)/CET** (Cuadro IV-5), se obtiene una relación inversa (Figura IV-22), lo que indica una disminución de estas fracciones en los pedones en los que predominan las sustancias húmicas con más alto grado de polimerización, que se corresponden con los tres puntos más bajos de la secuencia.

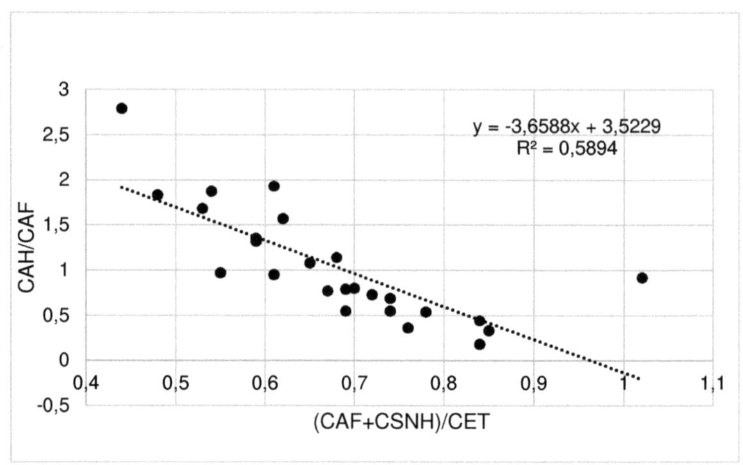

Figura IV-22. Relación entre los valores de CAH/CAF y (CAF+CSNH)/CET. CET=carbono en el extracto alcalino; CAH=carbono en ácidos húmicos; CAF=carbono en ácidos fúlvicos; CSNH=carbono en sustancias no húmicas.

Hernández-Hernández *et al.* (2008) encontraron valores de la relación CAH/CAF comprendidos entre 2,3 y 5 en los 10 cm superficiales de suelos ácidos arenosos y franco-arenosos ubicados en la Serranía del Litoral de la Cordillera de la Costa (Venezuela). Esos valores son mayores que los obtenidos a la misma profundidad en el presente estudio (Cuadro IV-5), los cuales variaron entre 0,8 y 2,8, lo que podría indicar que la materia orgánica en este caso presenta un menor grado de polimerización en comparación con la del estudio referido.

Por otra parte, al considerar los valores de los promedios ponderados de CAH/CAF en los 20 cm superficiales de los perfiles estudiados, se obtuvo una correlación exponencial altamente significativa ($r = -0{,}9884$; $p < 0{,}001$) entre el cociente CAH/CAF y la altura de los sitios ($CAH/CAF = 5{,}0937e^{-0{,}001\ altura}$) (Figura IV-23). Este resultado contrasta con el observado por Galioto (1985), quien no encontró correlación entre este índice y la altura, en suelos de las montañas de Santa Catalina (Pima County, Arizona, USA), entre 900 a 2700 m de altitud, aun cuando el COT y el carbono de todas las fracciones de la materia orgánica si correlacionaron con la altitud en forma positiva y significativa (con coeficientes de determinación mayores de 0,78), hecho que a juicio del autor, reveló la inexistencia de una tendencia definida en cuanto a las proporciones relativas de ácidos húmicos y fúlvicos, atribuible probablemente a la diversidad en la naturaleza de los suelos de montaña y los climas asociados de esa región.

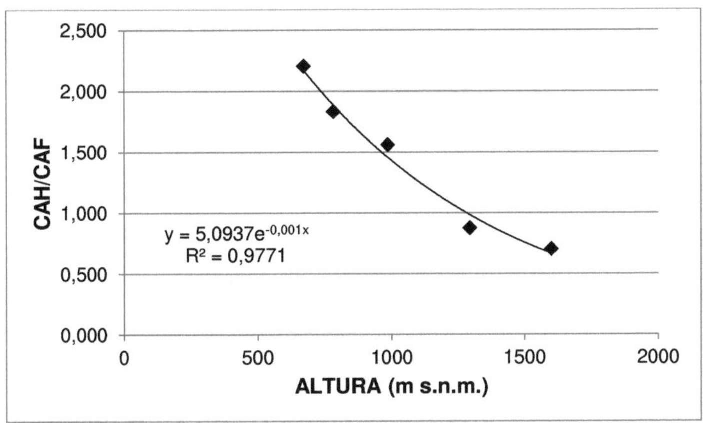

Figura IV-23. Relación entre el cociente CAH/CAF (promedios ponderados en los 20 cm superficiales) y la altura de los sitios de muestreo (m s.n.m.). CAH = carbono en ácidos húmicos; CAF = carbono en ácidos fúlvicos

Álvarez-Arteaga *et al.* (2012), al evaluar la capacidad de los suelos para acumular formas estables de carbono, en un agroecosistema cafetalero de sombra bajo diferentes condiciones de manejo, ubicado en la Sierra Sur de Oaxaca (México) entre 990 y 1225 m, encontraron valores de la relación CAH/CAF ligeramente superiores a 1, con excepción del punto ubicado a 1170 m (con promedios menores de 0,60), lo que indicó una mayor producción de compuestos fúlvicos para este sitio, que podría corresponder a condiciones locales de microclima y de relieve particulares. En nuestro estudio parece ocurrir un efecto parecido, ya que en los puntos 1 y 2 ubicados a mayor altura, se encontraron valores promedio de CAH/CAF comprendidos entre 0,7 y 0,8 en los 20 cm superficiales, a diferencia de los obtenidos para los puntos 3, 4 y 5 que son superiores a 1,5; lo que sugiere que en los sitios más elevados se favorece la formación y conservación de la fracción de ácidos fúlvicos.

Índices CAH/CET y (CAF+CSNH)/CET

En el extracto alcalino (CET), se extraen compuestos altamente polimerizados y relativamente estables (ácidos húmicos) y otros más lábiles (ácidos fúlvicos y sustancias no húmicas). Ambos tipos de sustancias siguen patrones opuestos respecto a la altura de los sitios de muestreo y ello se observa claramente en las relaciones entre los **índices CAH/CET y (CAF+CSNH)/CET** y la altura (Cuadro IV-5). El índice CAH/CET, tanto de los perfiles completos como de los 20 cm superficiales, disminuye al incrementar la altura (Figura IV-24), mientras que el índice (CAF+CSNH) / CET tiende a aumentar (Figura IV-25). En consecuencia el cociente (CAH/CET)/((CAF+CSNH)/CET) es menor cuanto mayor es la altura del sitio (figura IV-26). En esa figura se evidencia la alta correlación entre ambos índices con la altura.

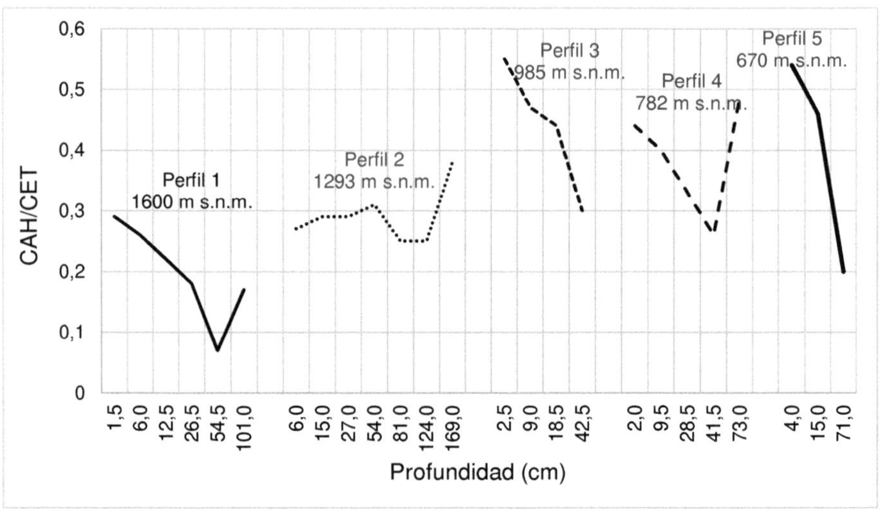

Figura IV-24. Variación de la Relación CAH/CET con la profundidad (cm). CAH = carbono en ácidos húmicos; CET = carbono en el extracto alcalino; m s. n. m. = metros sobre el nivel del mar.

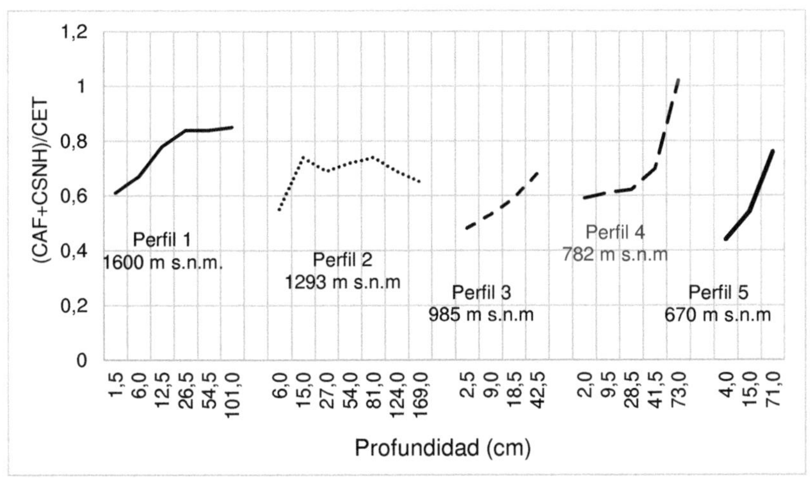

Figura IV-25. Variación de la Relación (CAF+CSNH)/CET con la profundidad. CAF = carbono en Ácidos fúlvicos; CSNH = carbono en sustancias no húmicas; CET = carbono en el extracto alcalino; m s. n. m. = metros sobre el nivel del mar.

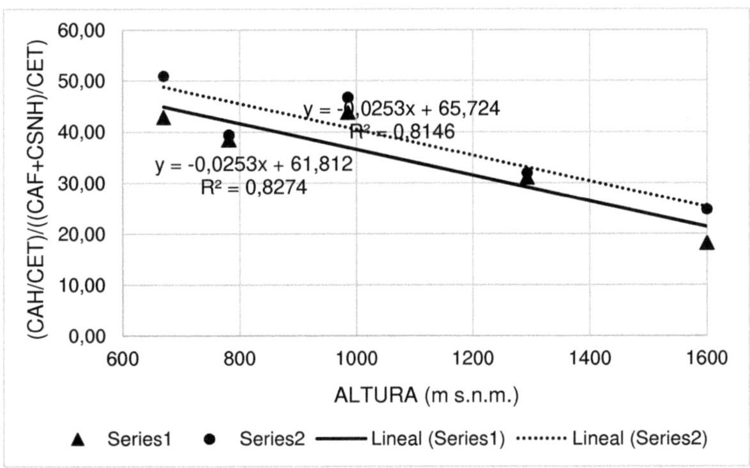

Figura IV-26. Relación entre el cociente de los índices CAH/CET y CAF+CSNH)/CET con la altura de los perfiles. Series 1 (▲): promedios de los perfiles completos y Series 2 (•): promedios de los 20 cm superficiales. m s.n.m. = metros sobre el nivel del mar. CET=carbono en el extracto alcalino; CAH=carbono en ácidos húmicos; CAF=carbono en ácidos fúlvicos; CSNH=carbono en sustancias no húmicas.

Hernández-Hernández *et al.* (2013b) compararon los índices CAH/CET y (CAF+CSNH)/CET bajo diferentes tipos de vegetación en la cuenca del embalse La Mariposa (Venezuela) ubicada en otro punto de la vertiente sur del tramo central de la Cordillera de la Costa y encontraron que sus valores son diferentes según el tipo de vegetación dominante (bosque natural, bosques de pinos y eucaliptos y herbazal de montaña). En el presente estudio también se observó esa diferencia en el índice CAH/CET respecto a la cobertura vegetal, ya que los valores promedio en los 20 cm superficiales de los 2 sitios ubicados a mayor altitud, bajo selva nublada o su transición selva nublada-bosque siempre verde, estuvieron comprendidos entre 0,25 y 0,28, mientras que en los puntos a menor altura donde predomina una vegetación de herbazal de montaña o de bosque semideciduo, los valores de CAH/CET variaron entre 0,41 y 0,49, que son entre 1,46 y 1,96 veces mayores que los anteriores. Por su parte, el índice (CAF+CSNH)/CET presentó valores comprendidos entre 0,61 y 0,71 en los 20 cm superficiales de los perfiles 1 y 2, que no son muy distantes de los valores encontrados en los puntos 3, 4 y 5, incluidos en el intervalo entre 0,5 y 0,61, por lo que pareciera existir una relación menos estrecha entre este índice y el tipo de vegetación dominante en la zona estudiada.

Relación CAF/COT

En todos los perfiles la relación CAF/COT tiende a incrementar con la profundidad (Cuadro IV-5), con la excepción de los 2 últimos horizontes del punto 2 y el último del punto 3 (Figura IV-27). La misma tendencia se observa en la relación (CAF+CSNH)/COT en los puntos 1, 3 y 4, pero en los puntos 2 y 5 la tendencia no es clara.

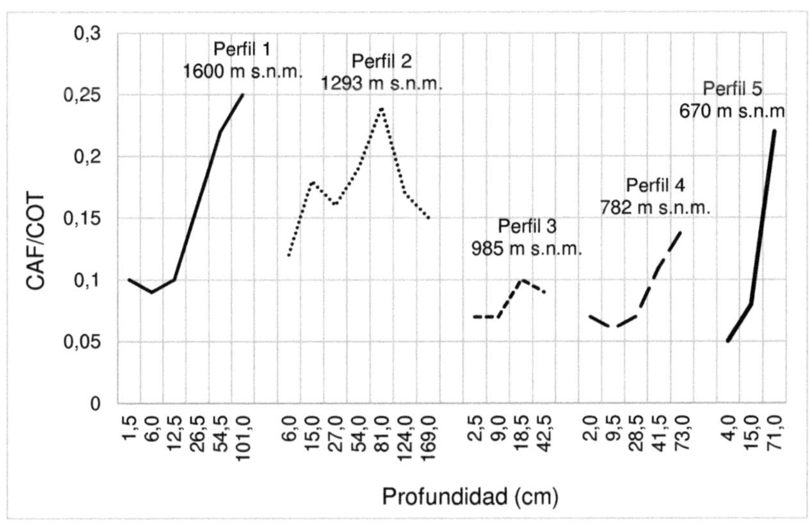

Figura IV-27. Variación de la relación CAF/COT con la profundidad (cm). COT = carbono orgánico total; CAF = carbono en ácidos fúlvicos; m s. n. m. = metros sobre el nivel del mar.

Se observa una disminución del cociente CAF/COT cuando se compara el valor en los horizontes superficiales de los puntos 1 y 2, con los de los puntos a menor altura. Los primeros son entre 1,4 y 1,7 veces mayores (30 a 40% mayores). Esto podría indicar que en los pedones ubicados a mayor altitud existe una mayor proporción de ácidos fúlvicos con respecto al carbono orgánico total, lo que se traduciría en una mayor proporción de la fracción lábil correspondiente a estos compuestos formados por estructuras menos polimerizadas. En todos los perfiles la relación CAF/COT tiende a incrementarse en los horizontes más profundos, probablemente debido a la mayor movilidad de los ácidos fúlvicos comparada con la de las otras sustancias húmicas (Stevenson, 1994). Pero también puede influir la disminución del porcentaje de arcilla con la profundidad, ya que según Zalba y Quiroga (1999) la relación CAF/COT varía con la textura de los suelos, de manera que su valor se incrementa a medida que la clase textural pasa de fina a gruesa.

Cociente CET/COT

El CET comprende el contenido de carbono en las fracciones lábiles (CAF + CSNH) y estables (CAH) de la materia orgánica solubles en medio básico, por lo cual se infiere que el cociente CET/COT representa en cierto modo una estimación de la solubilidad química de la materia orgánica o de su extractabilidad en solución alcalina.

El cociente CET/COT en los horizontes superficiales varió con la altitud, observándose valores mayores en los dos perfiles ubicados en los sitios más altos (Cuadro IV-6). Dell'Abate *et al.* (2002) encontraron una tendencia contraria para este cociente en suelos ubicados en una toposecuencia en Sicilia (Italia), bajo especies forestales (pino, eucalipto, cupressus o ciprés) para los cuales no reportan la ocurrencia de incendios forestales. En los suelos de este estudio el CET representó entre el 21 y 55% del COT, mientras que en el trabajo antes referido (Dell'Abate *et al.,* 2002) el CET estuvo comprendido en el rango entre 39% y 80%, mostrando un comportamiento totalmente opuesto al encontrado en la cuenca del río Maracay con relación a la altura. Es probable que la ocurrencia de incendios de vegetación anuales en las áreas localizadas a menor altitud en el área de estudio contribuya a esta diferencia. Como se explicó en la sección anterior, uno de los cambios más notables producidos por los incendios en la composición de las sustancias húmicas, se refiere a la disminución de su solubilidad, debido a la transformación final de los ácidos húmicos y los ácidos fúlvicos en un material macromolecular insoluble en álcali, con estructura similar a las huminas (González-Pérez *et al.,* 2004), de allí que se observe una disminución de la extractabilidad en solución alcalina de la materia orgánica del suelo (Almendros y González-Vila, 2012). Además, también otros factores propios de las zonas comparadas, como la textura de los suelos, vegetación y el pH entre otros, son distintos.

Los valores del **carbono en ácidos húmicos y fúlvicos en conjunto (CAH+CAF)** siguieron la misma tendencia del COT, tanto en relación con la altitud, como en la profundidad en el perfil (Cuadro IV-6).

Cuadro IV-6. Valores de los parámetros de carbono y nitrógeno en los suelos estudiados.

Profundidad	N	C/N	CET/COT	CAH+CAF	IH	GH	TH
cm	g.kg^{-1} suelo			g.kg^{-1} suelo		%	%
1600 msnm							
0-3 cm	4,7	10,8	0,32	9,7	0,52	59,5	19,09
3-9 cm	3,5	10,9	0,26	5,8	0,58	59,1	15,33
9-16 cm	3,2	11,0	0,24	5,4	0,60	62,6	15,28
16-37 cm	1,8	9,0	0,39	3,6	0,76	57,7	22,57
37-72 cm	0,9	6,8	0,55	1,6	0,92	47,1	25,91
72-130 cm	0,6	1,9	0,50	0,4	0,50	68,0	33,71
1293 msnm							
0-12 cm	4,7	8,1	0,43	9,0	0,51	54,2	23,50
12-18 cm	0,9	11,6	0,43	3,2	0,47	69,8	30,29
18-36 cm	0,7	8,3	0,43	1,7	0,48	66,8	28,77
36-72 cm	0,5	15,3	0,46	2,5	0,42	72,5	33,15
72-90 cm	0,4	8,4	0,54	1,2	0,43	69,1	37,06
90-158 cm	0,3	10,6	0,36	0,8	0,32	71,1	25,91
158-180 cm	0,5	10,9	0,41	1,7	0,40	74,1	30,43
985 msnm							
0-5 cm	2,4	13,2	0,24	6,4	0,21	84,6	20,27
5-13 cm	1,5	15,2	0,24	4,1	0,33	75,3	17,96
13-24 cm	1,2	12,3	0,31	3,5	0,34	77,0	23,85
24-61 cm	0,4	11,6	0,35	0,9	0,75	55,8	19,62
782 msnm							
0-4 cm	0,8	18,5	0,21	2,5	0,32	78,1	16,77
4-25 cm	0,7	17,2	0,27	2,0	0,67	60,4	16,28
25-32 cm	0,7	11,8	0,32	1,4	0,74	54,8	17,47
32-53 cm	0,2	11,0	0,32	0,4	0,64	58,5	18,94
53-93 cm	0,1	9,9	0,27	0,3	0,47	102,4	27,77
670 msnm							
0-8 cm	1,8	12,9	0,27	4,6	0,34	72,8	19,74
8-22 cm	1,4	10,7	0,32	3,4	0,42	70,7	22,43
22-120 cm	0,6	2,8	0,40	0,5	0,27	75,5	29,97

REFERENCIAS: COT=carbono orgánico total; N = Nitrógeno Total; C/N = relación carbono/nitrógeno; CET=carbono en el extracto alcalino; CAH=carbono en ácidos húmicos; CAF=carbono en ácidos fúlvicos; IH = Índice de humificación; GH = grado de humificación; TH = Tasa de humificación

PARÁMETROS DE NITRÓGENO Y CARBONO

Variación del contenido de nitrógeno con la altitud y la profundidad.

El contenido de N de todos los perfiles disminuye con la profundidad como se muestra en el cuadro IV-6 y en la Figura IV-28, aunque en el perfil 2 no se observa una tendencia clara.

Los tenores de N en el primer horizonte se incrementan con la altitud (Cuadro IV-6), lo que podría atribuirse al mayor aporte de residuos al cambiar la vegetación de herbazal en los puntos más bajos de la toposecuencia a la de bosque o selva nublada a mayor altura, así como a las condiciones de menor temperatura y mayor precipitación en estos últimos. Resultados similares fueron obtenidos por Ochoa *et al.* (2000) en suelos venezolanos y por Dell' Abate *et al.* (2002) en una toposecuencia en clima mediterráneo (Italia).

El aumento del contenido de N con la altitud y su disminución (altamente significativa, $p<0,05$) con la profundidad también fue observada por Carvajal (2008) en suelos de Colombia (Valle del Cauca) en tres zonas altitudinales entre 1150 y 1600 m, con los mayores almacenamientos de C y N en la capa superficial (0-10 cm).

Se encontró una alta correlación, positiva y significativa, entre los valores de COT y N como puede observarse en la Figura IV-29, con un coeficiente de correlación $r = 0,9591$ ($p < 0,0001$). Este resultado coincide con el registrado en suelos de la cuenca del lago de Valencia (Venezuela), en el que se obtuvo igualmente una correlación, positiva y altamente significativa, entre los valores de las dos variables ($r = 0,9717$; $p < 0,0001$) (Ruiz, 2002). También se ha encontrado un alto grado de correlación positiva entre el N y los contenidos de carbono del extracto alcalino, de las huminas, los ácidos húmicos y fulvicos y de las sustancias no humificadas.

Al comparar la variación del COT y el N con la profundidad, se observa que el COT disminuye entre 19 y 35% al pasar del primer al segundo horizonte y el N lo hace entre 12,5 y 37,5%, excepto en el caso del pedón número 2 (1293 m s.n.m.) en el que el COT disminuye en 73 % y el N en 81%.

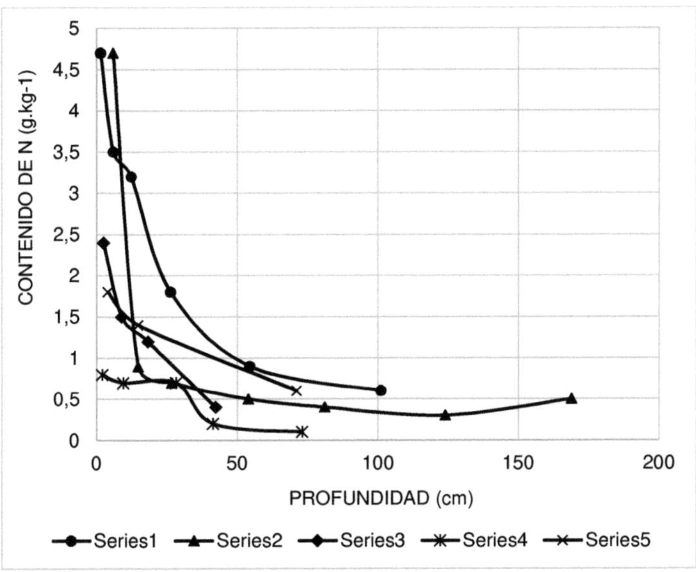

Figura IV-28. Variación del contenido de nitrógeno con la profundidad (cm). Series = perfil o punto en el área de estudio.

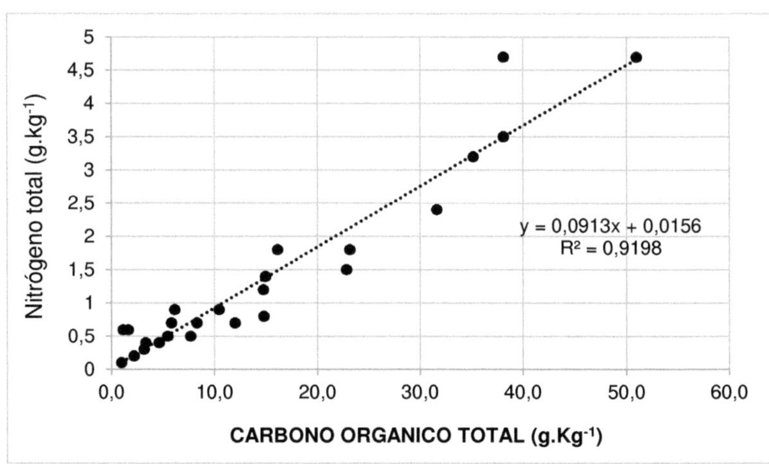

Figura IV-29. Correlación entre el contenido de carbono orgánico total y el de nitrógeno total en los suelos estudiados.

Castillo-Morales *et al.* (2009) llevaron a cabo un trabajo cuyo objetivo fue modelar el contenido de carbono orgánico en función de las propiedades de suelos volcánicos mexicanos, mediante la técnica de Regresión por Mínimos Cuadrados Parciales y como resultado del mismo encontraron que de la totalidad de las propiedades del suelo consideradas, el porcentaje de Nitrógeno Total fue una de las variables que más relación guardó con el carbono orgánico; siendo las otras variables: la densidad aparente, el porcentaje de Al y de Fe extraíbles, la capacidad de intercambio catiónico y la acidez hidrolítica e intercambiable. Observaron también que algunas condiciones ambientales, tales como la precipitación y la altitud guardaban una estrecha relación con el proceso de almacenamiento del carbono en el suelo.

La relación C/N de cada uno de los horizontes superficiales resultó inversamente proporcional a la cantidad de N en el suelo (Cuadro IV-6) (Figura IV-30). Los valores menores de la relación C/N se registraron en los dos pedones de mayor altura, lo que sugiere que la mayor disponibilidad de N (que resulta de la mayor descomposición microbiana de los residuos) fue influida por los mayores aportes de materia orgánica fresca y las menores restricciones de humedad y de temperatura que ocurren en los sitios elevados

El promedio de los cocientes C/N de los cinco epipedones (horizontes superiores más ricos en MO) es 12, lo cual señala que, en general, no existen problemas para la mineralización del N en estos suelos. Ello es cierto en los perfiles 1, 3 y 5, cuyos promedios son 11, 13 y 12, respectivamente. En el perfil 2 la relación C/N del horizonte superficial es 8 (como se muestra en la figura IV-30), pero en los 6 horizontes subyacentes es 12, 8, 15, 8, 11, 11; es de hacer notar que el epipedón de este perfil contiene 5 veces más N que cualquiera de los demás horizontes subyacentes. En el perfil 4, el promedio de los 2 horizontes superficiales, que alcanzan un espesor conjunto de 25 cm, tiene una relación C/N de 18.

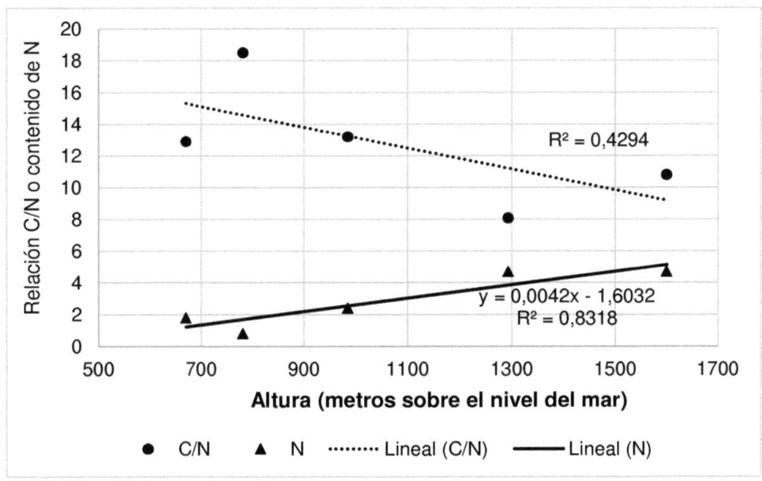

Figura IV-30. Comparación de los promedios ponderados del contenido de nitrógeno total (g.kg^{-1}) y de la relación C/N (en los horizontes superficiales) con la altitud.

Parámetros de humificación

Han sido propuestos distintos parámetros de humificación para la caracterización de suelos y enmiendas orgánicas (Lowe, 1975; Sequi *et al.*, 1986; Ciavatta *et al.* 1990, Ciavatta y Govi, 1993). Estos parámetros son:

a) *Índice de Humificación* (IH): es el cociente entre el contenido de carbono en los compuestos no húmicos (CSNH) y el contenido de carbono en los ácidos húmicos y fúlvicos (CAH + CAF), esto es: IH = CSNH/(CAH + CAF)

b) *Grado de Humificación* (GH): representa el porcentaje de carbono en los ácidos húmicos y fúlvicos con respecto al carbono contenido en el extracto alcalino (CET): GH (%) = [(CAH + CAF)/ CET] x 100

c) *Tasa de Humificación* (TH), también denominada relación de humificación, es el porcentaje de carbono en los ácidos húmicos y fúlvicos con respecto al carbono orgánico total (COT) en la muestra: TH (%) = [(CAH + CAF)/ COT] x 100.

A continuación, se comentan los resultados obtenidos al calcular cada uno de estos parámetros.

El índice de humificación (IH) mostró valores menores a 1 en todos los casos (Cuadro IV-6), con un promedio general de 0,50, con la mayoría de ellos comprendidos en el intervalo 0,2 - 0,5 lo que es frecuente en suelos (Ciavatta *et al.,* 1990). Esos valores son en su conjunto más altos que los encontrados en otros suelos venezolanos, por ejemplo, Ruiz y Paolini (2005) obtuvieron valores comprendidos entre 0,11 y 0,29 en suelos lacustrinos y coluviales de la Cuenca del Lago de Valencia; Lozano *et al.* (2011) reportan resultados en el rango de 0,04 a 0,19 en un suelo bajo sistemas de agricultura conservacionista, con distintos cultivos de cobertura, localizado en sabanas del estado Guárico. Hernández-Hernández *et al.* (2013 b) indican en suelos de distintas regiones del país sembrados con durazno, fresa, pinos y en sabanas naturales, bosque nublado y bosque premontano no alterados y pastizales mejorados, valores de IH dentro de un rango comprendido entre 0,27 y 0,37, pero valores en el intervalo 0,56-

0,68 en suelos cultivados con cítricos. De la misma forma, Acosta *et al.* (2008) determinaron en suelos semiáridos de la Península de Paraguaná (Estado Falcón), un valor de IH de 0,65. Es importante considerar que gran parte de los antecedentes indicados se refieren a suelos usados para cultivos, en algunos de los cuales podrían haberse incorporado abonos orgánicos como práctica común de manejo. Por su parte, Cañizales *et al.* (2015) encontraron valores comprendidos entre 0,34 y 0,49 en suelos de Cojedes (Venezuela) bajo bosque de galería, pasto y cultivos de ciclo corto, sin diferencias significativas entre coberturas.

En los horizontes superficiales de los dos pedones ubicados a mayor altura, los valores de IH son entre 1,5 y 2,5 veces superiores a los del primer horizonte del resto de los perfiles, afectados anualmente por incendios de vegetación, debido a la mayor proporción de sustancias no húmicas con relación a los ácidos húmicos en la superficie de los suelos más altos (figura IV-17), hecho que podría explicarse parcialmente por la existencia de un mayor volumen de residuos orgánicos en distintos estados de descomposición en esos puntos y también por la disminución de las fracciones lábiles en las zonas más bajas en que ocurren incendios anuales de vegetación, debido probablemente a su combustión durante los incendios.

En un estudio realizado en suelos de Italia bajo bosque de pino y de pastos (Ciampa *et al.*, 2009) sobre muestras tomadas al inicio de la estación de lluvias 3 meses después de ocurrido un incendio, se compararon los valores de IH en zonas afectadas por el fuego con los de las áreas no perturbadas (control). Se encontró que en el horizonte superficial (5 cm de profundidad) de las áreas con pinos quemadas, el IH resultó menor que el del suelo control, pero en el mismo horizonte de la zona con pastos hubo 10% de aumento (estadísticamente significativo). Además, en el pinar constataron un aumento de este indicador entre los 5 y 20 cm de profundidad en las zonas quemadas, pero una disminución en la zona de pastos. Esos resultados evidencian que el efecto de los incendios sobre el IH no es de fácil interpretación, sino que varía significativamente en función del tipo de vegetación, la intensidad o calor desarrollado por el fuego, las condiciones climáticas posteriores al incendio y el tiempo transcurrido entre éste y la toma de muestras.

En los suelos de la Cuenca del río Maracay seleccionados para este estudio no se observó una clara tendencia del IH con la altura en que se encuentran los perfiles. Si bien, como se ha indicado, el promedio de todas las muestras analizadas es 0,50, los promedios de los perfiles son diferentes; respecto a las variaciones con la profundidad las tendencias también difieren, como se observa en el cuadro Cuadro IV-6.

El promedio general del **grado de humificación (GH)** es 67,9%**,** debido a la presencia de una mayor proporción de ácidos fúlvicos y húmicos con relación a las sustancias no húmicas en los suelos (Cuadro IV-6). El valor promedio de cada uno de los perfiles aumenta desde 59% en el punto 1 a 68% en el 2 y desde este hacia las posiciones más bajas se mantiene aproximadamente constante.

Los valores de GH se mantienen casi constantes con la profundidad en los 30 cm superiores de los perfiles 1 y 5, tiende a aumentar en casi todo el perfil 2 y en cambio, en los puntos 3 y 4 se observó una disminución de este índice en los horizontes de los primeros 50 o 60 cm. Ello demuestra que la dinámica interna de los componentes de la MO de cada uno de los perfiles responde no solamente a las diferencias de altura entre los sitios y a la existencia o no de incendios de vegetación, sino además a otros factores.

En relación a otras investigaciones llevadas a cabo en Venezuela, Hernández-Hernández *et al.* (2013 b) indican haber encontrado valores de GH comprendidos entre 50 y 59,5% en suelos de sabana natural, pastizales mejorados y bajo cultivos de forrajeras leguminosas y cítricos; a diferencia de los suelos ubicados a mayor altura, en zonas de bosque nublado o cultivados con fresas y durazno, en los que el GH varió en el rango de 75 a 79%. Acosta *et al.* (2008) obtuvieron un valor de GH de 60,6 % en su estudio realizado en la Península de Paraguaná. Para los suelos de la cuenca del lago de Valencia bajo vegetación natural o sembrados con caña de azúcar y banano, se encontraron valores de GH más acordes con los de los puntos 3, 4 y 5, en el intervalo de 75% a 89% (Ruiz y Paolini, 2005); al igual que en Cojedes entre 69 y 76% (Cañizales *et al.,* 2015); mientras que en sitios de sabana del estado Guárico el GH resultó mucho mayor, variando entre 85% y 96% (Lozano *et al.,* 2011). Todos esos resultados indican que, al igual que en el presente estudio, el extracto alcalino está formado principalmente por ácidos húmicos y fúlvicos, con una baja proporción de sustancias no húmicas.

En el estudio realizado por Ciampa *et al.* (2009) mencionado anteriormente, no se observó variación en el GH después del evento de incendio, ni en suelos bajo bosque ni pasto, en ninguno de los horizontes, porque las fracciones que se consideran para calcular este indicador (CAH + CAF y CET) variaron proporcionalmente.

La tasa de humificación (TH), que representa la fracción porcentual del COT asociada a los ácidos húmicos y fúlvicos y que no toma en cuenta el C de las sustancias no húmicas y de las huminas, no mostró variaciones claras con la topografía. (Cuadro IV-6). El promedio general es 23,7% y los valores están comprendidos entre 15,28 y 37,06% y son similares a algunos de los obtenidos para otros suelos de Venezuela, en condiciones muy diversas. Por ejemplo, en la cuenca del Lago de Valencia se han encontrado valores comprendidos entre 17 y 31,1% (Ruiz y Paolini, 2005); en diversos ecosistemas de bosque y sabana no alterados e intervenidos de distintas regiones se indican valores entre 15,83 y 46,44% (Hernández-Hernández *et al*., 2013 b); en suelos bajo bosque de galería, pasto y cultivos de ciclo corto entre 24 y 41% (Cañizales *et al.*, 2015). Investigaciones realizadas en otras latitudes también señalan resultados coincidentes, como los obtenidos por Ciavatta *et al.,* (1990) en el intervalo 13,6-32,9% en Entisoles e Inceptisoles de Italia.

Otros estudios realizados en Venezuela han reportado valores de TH mucho más altos: en suelos de bosque nublado no alterado o cultivados posteriormente con fresa o durazno, por ejemplo, la TH ha superado el 65% (Hernández-Hernández *et al.,* 2013 b); al igual que en suelos bajo cultivos de cobertura en Guárico, en los que la TH se ubicó entre 57% y 67% (Lozano *et al.*, 2011). En otros casos, como en las zonas semiáridas, los valores de TH han mostrado valores mucho más bajos, por el orden del 9,4% (Acosta *et al.,* 2008).

Se observa una tendencia al aumento del TH con la profundidad en todos los perfiles de la toposecuencia, lo que puede ser indicativo de procesos de humificación activos aun en los horizontes más profundos, pero también del incremento de los ácidos fúlvicos que pudieron ser lixiviados desde los horizontes superficiales, (Dell'Abate *et al.,* 2002). Esta tendencia también se observó en uno de cuatro perfiles de una toposecuencia ubicada en Sicilia (Italia), mientras que en los otros tres, los valores de TH disminuyeron con la profundidad (Dell'Abate *et al.,* 2002).

En suelos de Italia bajo bosque de pino o sembrados con pasto, en clima mediterráneo, los valores de TH a la profundidad de 0-5 cm en zonas no afectadas por incendios resultaron mayores que en las áreas quemadas, indicando que las sustancias húmicas, al ser sometidas a altas temperaturas, se descompusieron y disminuyeron con respecto al carbono orgánico total y en todos los casos, la TH disminuyó con la profundidad, excepto en el suelo bajo pasto afectado por la quema, en el que aumentó ligeramente (Ciampa *et. al.*, 2009).

Esta diversidad del comportamiento del TH con la profundidad encontrada en Venezuela como en otras regiones es evidencia de la diversidad de factores que inciden en la formación, conservación y descomposición de los componentes de la materia orgánica de los suelos.

CAPITULO V

RELACIÓN ENTRE EL CARBONO ORGANICO, LOS ATRIBUTOS DEL SUELO Y LOS FACTORES FORMADORES.

En esta sección se comentan las relaciones encontradas entre algunas de las variables estudiadas y el carbono orgánico total (COT) o el carbono en las diferentes fracciones orgánicas. También se discute la influencia del clima, el relieve y la textura sobre el contenido y la composición de la materia orgánica de los suelos seleccionados.

Relación entre el carbono orgánico y el aluminio intercambiable.

Al considerar los valores de todos los horizontes de cada uno de los suelos, se observa una relación variable entre el contenido promedio de **Al intercambiable** y el contenido promedio de las distintas fracciones de C orgánico, como se muestra en el Cuadro V-1. Se destaca que la relación entre el contenido de Al intercambiable y el promedio ponderado del porcentaje de carbono unido a los ácidos fúlvicos es muy elevada y significativa (R^2 = 0,96). Lo contrario es el resultado obtenido para la relación (no significativa) entre el COT y el Al (Cuadro V-1). Ello contrasta con lo expuesto por Ochoa *et al.*, (2000), quienes encontraron una correlación positiva y significativa entre el carbono orgánico total y contenido de aluminio intercambiable en suelos de la cuenca del río Santo Domingo en los Andes venezolanos.

Relación entre el carbono orgánico y el calcio intercambiable.

En este estudio no se observa una clara relación entre el contenido de carbono orgánico total (COT) y el de calcio intercambiable (Ca INT) cuando se consideran simultáneamente todas las muestras, sin embargo, esa relación es evidente en los perfiles 4 y 5 analizados separadamente, donde tanto el Ca intercambiable como el COT disminuyen con la profundidad mostrando una alta correlación.

Cuadro V-1. Relación entre el Al intercambiable y el contenido promedio de las distintas fracciones de C orgánico.

RELACIÓN	R^2	PROBABILIDAD*	SIGNIFICACIÓN %
COT/Al	0,002	0,22	NS
CET/Al	0,87	0,00002	S
CAH/Al	0,49	0,005	NS
CAF/Al	0,96	0,002	S
CSNH/Al	0,08	0,002	NS
TH/Al	0,89	0,00005	S

REFERENCIAS: COT=carbono orgánico total; CET=carbono total extraído; CAH=carbono en ácidos húmicos; CAF=carbono en ácidos fúlvicos; CSNH=carbono no humificado; TH= tasa de humificación. R^2 = coeficiente de determinación; NS= relación no significativa; S = relación significativa (nivel 0,025).

*Probabilidad que las muestras pertenezcan a dos conjuntos no correlacionados (0=correlación perfecta; 1= ausencia absoluta de correlación).

En la cuenca del río Santo Domingo (Venezuela) se comprobó que el comportamiento del carbono orgánico en suelos ubicados en distintas posiciones topográficas está relacionado significativamente con el contenido de calcio intercambiable (Ochoa *et al.,* 2000).

Igualmente, en una toposecuencia localizada en el estado Guárico (Venezuela) se encontraron correlaciones positivas y altamente significativas entre el carbono orgánico de los microagregados de suelo y el calcio intercambiable para Vertisoles y Ultisoles bajo vegetación de sabana (Ruiz *et al*., 2000). También se halló una correlación positiva y estadísticamente significativa entre el carbono orgánico total y el calcio intercambiable ($r = 0,7225$; $p < 0,0001$) en suelos lacustrinos y aluviales de la cuenca del lago de Valencia bajo diferentes usos (Ruiz, 2002).

Es posible que esta discrepancia se deba a que, en los ejemplos mencionados, los suelos provienen de materiales parentales de distinta composición, lo cual determina que su contenido de Ca INT, al igual que COT, tenga una amplia variabilidad, mientras que en el presente estudio los materiales parentales de por lo menos los primeros 4 perfiles provienen de regolitos y sedimentos geoquímicamente relacionados, por lo cual casi todos los contenidos de Ca INT se agrupan en valores del mismo orden de magnitud.

Relación entre el carbono orgánico y la capacidad de intercambio catiónico.

En este estudio se hizo evidente la importancia de la materia orgánica respecto a la capacidad de intercambio catiónico (CIC) de los suelos. Según se muestra en la Figura V-1, con base a los datos obtenidos en esta investigación, publicados por Ruiz *et al.* (2017), los promedios ponderados del contenido de COT y de la CIC en los 20 cm superficiales tienen un alto grado de correlación ($R^2 = 0,96$). Ambos parámetros incrementan con la altura del sitio, aunque en el perfil del punto 5 tanto la CIC (8,7 cmol (+).kg^{-1}) como el COT (18,2 g.kg^{-1}), son relativamente altos, a pesar de ser el sitio de menor altura de la secuencia.

En los suelos estudiados también se observó una la relación positiva entre la CIC y el contenido de carbono de los ácidos fúlvicos (Figura V-2).

La relación positiva entre la materia orgánica y la CIC se ha comprobado en numerosas áreas de Venezuela, por ejemplo, en los trabajos de Rondón y Elizalde (1997); Ochoa *et al.* (2000); Ruiz (2002) y Hernández-Hernández *et al.* (2008).

Los cationes pueden ser adsorbidos e intercambiados por la materia orgánica del suelo, que es el factor que más contribuye a la CIC en suelos tropicales, por lo que puede ser catalogada como un intercambiador de alta eficiencia (Kim, 2011).

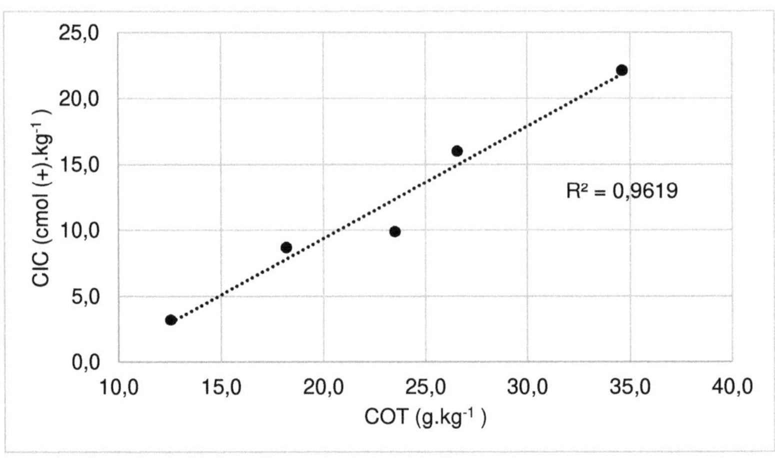

Figura V-1. Relación entre los promedios de COT g.kg^{-1}/CIC en los primeros 20 cm de profundidad. El orden de los puntos, de izquierda a derecha es: 4 – 5 – 3 – 2 – 1. Obsérvese que el perfil 5 presenta valores de CIC y COT más altos que los que sería de esperar si siguiera la tendencia mostrada por los demás perfiles.
COT = carbono orgánico total; CIC = capacidad de intercambio catiónico.

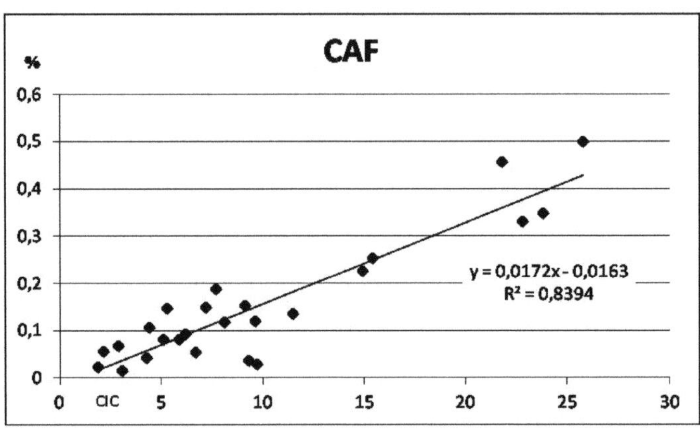

Figura V-2. Relación entre la CIC en cmol(+).kg^{-1} (abscisas) y el porcentaje de C de los ácidos fúlvicos (ordenadas). CAF = carbono en los ácidos fúlvicos.

Oorts *et al.* (2003) señalan que en la mayoría de los suelos donde el grado de humificación se incrementa, la CIC del suelo tiende a aumentar, y que son los ácidos húmicos y fúlvicos especialmente responsables de dicho aumento.

Los resultados obtenidos en el presente estudio demuestran que los coloides orgánicos son responsables de gran parte de la CIC en los suelos evaluados. El aporte de materia orgánica fresca y la precipitación, que varían con la altura de los sitios, y la tasa de mineralización del humus, determinan los gradientes del contenido de COT, de las bases cambiables, el Al intercambiable y de la CIC.

Carbono orgánico y factores formadores de suelos

Si bien el criterio utilizado para seleccionar los sitios de muestreo fue la altura sobre el nivel del mar, los perfiles representan ecosistemas diferentes respecto a la totalidad de los factores formadores de suelos. Ello se deriva de la interdependencia de esos factores, como han postulado numerosos autores (Jenny, 1994; Huggett, 1995; Elizalde, 2011).

Como consecuencia de lo expuesto, puede deducirse que el mayor contenido de materia orgánica de los suelos bajo bosque respecto a los suelos bajo herbazal responde a la abundancia de vegetación presente en el área, relacionada con la mayor disponibilidad de agua; la superficie se mantiene cubierta de hojarasca y macroorganismos animales que también aportan residuos orgánicos. Todo ello contribuye a una mayor acumulación de materia orgánica, cuya descomposición, a su vez, se hace más lenta en comparación con los suelos de los otros puntos de la toposecuencia en estudio, debido al gradiente de temperatura existente, según el cual, la temperatura va disminuyendo a medida que aumenta la altitud, de manera que el régimen de temperatura de los suelos cambia de isohipertérmico a isotérmico (Charan *et al.* 2012).

Las condiciones que soportan los suelos ubicados a menor altura, en las zona con menor precipitación y mayor temperatura, mayor intervención humana y sometidos casi anualmente a incendios de vegetación, conlleva a la pérdida de vegetación, erosión acelerada, pérdida de fertilidad, alteración de la actividad microbiana, disminución de la capacidad de retención de humedad, factores éstos que influyen en la disminución progresiva de la cobertura vegetal y, en consecuencia, de la cantidad de materia orgánica que ingresa al suelo, lo cual se suma a la mayor tasa de mineralización y a la pérdida de carbono orgánico por erosión.

El incremento del contenido de carbono orgánico al disminuir la temperatura y aumentar la precipitación con la altitud, también pudo apreciarse en un gradiente altitudinal en la península de Paraguaná (Venezuela), aunque la influencia de la vegetación también resultó importante, ya que se observaron los mayores valores de las reservas de carbono en los suelos bajo vegetación boscosa ubicada en el sitio más elevado del gradiente topográfico (Mogollón *et al.,* 2015). De forma similar, el efecto de la vegetación sobre el contenido de COT se hizo evidente en un estudio llevado a cabo en la cuenca del embalse La Mariposa (Venezuela) en el que se seleccionaron cuatro ecosistemas adyacentes: sabana secundaria (originada por la acción humana: quema frecuente desde hace más de 60 años, deforestación, labranza, cultivos), bosque húmedo, monocultivo de pinos y monocultivo de eucaliptos, ubicados todos en suelos de ladera, con una pendiente y altitud de aproximadamente 45% y 1400 m s. n. m. (Hernández-Hernández *et al.,* 2008). En ese ensayo se observaron cambios significativos en el COT, el contenido más bajo se encontró en el suelo bajo pinos, seguido por el de sabana secundaria y el de eucalipto. El COT disminuyó 55 y 85% respectivamente cuando el bosque húmedo fue remplazado por plantaciones de eucaliptos y pinos. Según explican los autores, las plantas herbáceas de la sabana, aportan menos residuos y tienden a permanecer más como material muerto en pie con un menor contacto con el suelo. Por otra parte, la descomposición lenta del material orgánico aportado por los pinos, debido a su contenido de compuestos hidrofóbicos e inhibidores químicos, provoca la ausencia de la edafofauna necesaria para la descomposición.

Jobbagy y Jackson (2000) examinaron la asociación entre el contenido de carbono orgánico del suelo y el clima, la textura y el tipo de vegetación, fundamentando su análisis en los resultados obtenidos en 2700 perfiles, registrados en tres bases de datos globales, suplementados con la información sobre clima, vegetación y uso del suelo. Encontraron que el tipo de vegetación afectó significativamente la distribución vertical del carbono orgánico, de modo que los porcentajes de este en los primeros 20 cm del perfil comprendieron el 33%, 42% y 50% del carbono total contenido en el primer metro de profundidad en suelos bajo matorral, pastizal y bosque respectivamente. En general, la distribución relativa del carbono orgánico con la profundidad tuvo una asociación ligeramente más fuerte con la vegetación que con el clima. El contenido de carbono orgánico se incrementó al aumentar la precipitación y el contenido de arcilla y al disminuir la temperatura. En ese estudio, el efecto del tipo de vegetación mostró ser más importante que el efecto directo de la precipitación. En cambio, en otra investigación en la que se analizó el contenido de carbono orgánico en más de 7.000 muestras de suelos del norte de España (Galicia, Asturias, Cantabria y País Vasco) bajo diferentes tipos de ocupación, condiciones climáticas y litología, se encontró que el porcentaje de carbono orgánico varió de acuerdo al uso del suelo (mayor en suelos forestales y con matorral, y menor en suelos de cultivo) y al clima, reconociéndose una correlación altamente significativa entre el porcentaje de carbono orgánico y la precipitación media anual (Calvo de Anta *et al.,* 2015). En oposición a los resultados de los trabajos anteriores, los hallazgos de la investigación llevada a cabo por Parras-Alcántara *et al.,* (2015) en suelos del sur de España, mostraron que el contenido de carbono orgánico total no fue afectado por las variaciones climáticas en un gradiente altitudinal en el que la precipitación aumentaba y la temperatura disminuía con la elevación, sino que dependió del desarrollo del suelo en cada posición del paisaje, de modo que los contenidos menores de COT se observaron en las posiciones topográficas más bajas, donde los suelos eran menos profundos.

En el caso del presente trabajo las profundidades de los perfiles son variables a lo largo de la secuencia, por lo que se presume que las tendencias encontradas son debidas principalmente al piso altitudinal de cada sitio y a los cambios de condiciones relacionadas con ello (clima atmosférico, régimen de humedad de los suelos, cobertura vegetal, entre otras).

Otro de los factores que contribuye al mayor contenido de carbono orgánico del perfil 1, específicamente, está relacionado con su mayor contenido de arcilla (Figura IV-2), la cual favorece la fijación de sustancias húmicas en la forma de complejos órgano-minerales y preserva la materia orgánica (Matus y Maire, 2000). La mayor cantidad de arcilla responde posiblemente a características propias del material parental de este suelo, pero también al mayor grado de alteración de los minerales primarios y de descomposición de los secundarios, provocado por la abundante precipitación, el buen drenaje externo e interno, la abundante presencia de ácidos orgánicos y el mayor tiempo de evolución. Esto último se deduce de la posición en el paisaje en un sitio dominante cercano a la cumbre o cresta de la ladera, con gran cobertura vegetal y de baja pendiente y parece ratificarse por el incremento del contenido de arcilla que muestra el perfil de suelo entre 30 y 60 cm (Figura IV-2). Los valores más altos de COT en el pedón que se encuentra en la posición topográfica más baja (670 m s.n.m.) con respecto al perfil ubicado a 782 m s.n.m., también podrían estar relacionados con el mayor contenido de arcilla en ese perfil (punto 5), que supera el de los otros puntos, excepto al del suelo 1.

Matus y Maire (2000) mencionan que, a través de los estudios de fraccionamiento físico de la materia orgánica, se ha comprobado que la mayor parte del C está asociado a las partículas de tamaño arcilla y limo. La asociación entre las fracciones finas de los suelos y la materia orgánica puede ser explicada por la hipótesis formulada por Elizalde y Rondón (1998), según la cual "la estructuración se inicia en el plasma (por tratarse de uno de los subsistemas más activos), en el cual las partículas de arcilla y material inorgánico amorfo forman complejos con la materia orgánica humificada y los carbohidratos. Estos complejos, a su vez, cementan partículas adicionales de arcilla, limo y arena, constituyendo los premicroagregados". De acuerdo a Matus y Maire (2000), las partículas de arcilla y limo al formar agregados "protegen" a la materia orgánica humificada de la mineralización. Como, de acuerdo a estos autores, los suelos arenosos poseen una concentración de C hasta siete veces superior en sus fracciones arcilla y limo, en comparación con los suelos arcillosos con el mismo contenido de C orgánico, resulta entonces que los suelos arenosos no contienen suficiente plasma para formar complejos con toda la materia orgánica que ingresa al sistema, por lo cual una parte de ella permanece libre y expuesta a la descomposición. Ello concuerda con la hipótesis propuesta por Hassink *et al.* (1997) según la cual, esto se explica porque las fracciones de arcilla y limo en suelos arenosos se encuentran más libres, mientras que en suelos arcillosos forman densos paquetes de agregados.

En referencia a lo anterior, cabría mencionar el estudio efectuado en una toposecuencia en Valencia (España) con el objetivo de analizar las relaciones entre contenido y tipo de materia orgánica, usos del suelo y contenido de arcilla. En esa investigación se determinó la composición del C orgánico de la fracción humina por Espectrofotometría Infrarroja con Transformada de Fourier (FT-IR) y se encontró que en los suelos de textura más fina y mayor contenido de materia orgánica, destacaba la abundancia de grupos de naturaleza aromática, lo que sugiere que el contenido de arcilla favorece la estabilización de la materia orgánica en forma de macromoléculas de carácter aromático (Molina *et al.,* 2008).

CAPITULO VI
DISCUSIÓN DE LOS RESULTADOS

Según Jenny (1994), las propiedades de los materiales sólidos y líquidos del ecosistema (msl) son función de la interacción de los materiales de origen de cada uno de ellos (mo), del clima (cl), el relieve, (r), la biota (b), las actividades humanas (h) y del tiempo (t). Si se aplica esa propuesta al caso de la materia orgánica del suelo (mos), se define que:

mos = *f* (moi,cl,r,b,h,t) (1)

donde moi representa la materia orgánica inicial, siendo los demás los factores mencionados anteriormente.

De acuerdo a Elizalde (2011), la intensidad del cambio de moi a mos, es decir los cambios producidos en la moi del suelo (o del material parental) al cabo de un determinado intervalo de tiempo dt, puede ser representado como:

d(mos) / dt = *f* (moi,cl,r,b,h) (2)

El estado de cada uno de los factores de ese modelo, incluyendo la materia orgánica inicial moi, tiene una situación inicial y depende de la interacción de los demás factores. Para el caso de la materia orgánica ello se representa por:

moi" = (*f*(cl,r,b, h). dt) + moi' (3)

donde moi" representa la materia orgánica que resulta de la modificación de la materia orgánica inicial (moi') producida por la interacción de los factores incluidos entre paréntesis, en el intervalo dt.

Entonces, de acuerdo a Elizalde (2011), se puede establecer que los cambios en un lapso dt dado, de las propiedades (composición, estructura, cantidad, etc.) de la materia orgánica del suelo, resultan de una función que reúne la suma de los cambios de los materiales orgánicos iniciales (moi), del clima (cli), del relieve (ri), de la biota (bi) y de las actividades humanas (hi), actuando conjuntamente, según se puede expresar por la ecuación (4):

d(mos)/dt = $f((f(cl,r,b,h).\ dt) + moi + (f(mo,r,b,h).\ dt) + cli + (f(mo,cl,b,h).\ dt) + ri + (f(mo,cl,r,h).\ dt) + bi + (f(mo,cl,r,b).\ dt) + hi)$ (4)

Es de hacer notar que mientras el sistema disponga de energía, ya sea de fuentes externas o de reacciones internas, se seguirán produciendo los cambios y la materia orgánica del suelo "evoluciona".

Por su parte, Fassbender (1975) y Porta *et al.* (1999), establecen que el producto final de la humificación luego de cierto lapso (mos/dt) depende de:

1. composición química de la materia orgánica inicial
2. tipo, cantidad y actividad de los microorganismos
3. humedad relativa
4. régimen de humedad
5. régimen de temperatura
6. uso y manejo del suelo
7. pH

Si se aplica la ecuación (4) a cada uno de esos elementos, puede establecerse que los cambios de la materia orgánica del suelo en determinado lapso (d(mos/dt)), dependen de los siguientes modelos parciales, respectivamente:

1. cambio de la composición química de la materia orgánica inicial = $(f(cl,r,b,h).\ dt) + mosi$
2. cambio del tipo, cantidad y actividad de los microorganismos = $(f(m,cl,r,h).\ dt) + bi$
3. cambio de la humedad relativa = $(f(m,r,b,h).\ dt) + cli$
4. cambio del régimen de humedad = $(f(m,r,b,h).\ dt) + cli + (f(m,cl,b,h).\ dt) + ri$
5. cambio del régimen de temperatura = $(f(m,r,b,h).\ dt) + cli + (f(m,cl,b,h).\ dt) + ri$
6. cambio del uso y manejo del suelo = $(f(m,cl,r,b).\ dt) + hi$

7. cambio del pH[18] = (f(cl,r,b,h). dt) + mosi + mmi + (f(m,r,b,h). dt) + cli + (f(m,cl,b,h). dt) + ri + (f(m,cl,r,h). dt) + bi + (f(m,cl,r,b). dt) + hi

La integración de los modelos parciales expuestos permite identificar que las condiciones climáticas de los distintos puntos de la toposecuencia (precipitación, temperatura), son las que influyen sobre la mayor parte de las 7 variables señaladas como las más importantes en la determinación del producto final de la humificación, seguidas por los atributos del relieve (altura sobre el nivel del mar, pendiente, posición geomorfológica, forma del terreno), siendo el material de origen (tipo de vegetación y cobertura), la biota (actividad microbiológica) y la intervención humana, las que condicionan los cambios de menor número de variables. Ello se puede expresar por la ecuación siguiente: d(mos) / dt = f (4(cl) +3(r) + 3(m) + 2(b) + 2(h))

Al aplicar los modelos parciales a la situación representada por la toposecuencia estudiada, se puede afirmar que:

1. La composición química de la materia orgánica inicial fue diferente para cada uno de los perfiles, debido a las diferencias en la cobertura vegetal, que aún hoy día se mantiene diferente. En los puntos altos la vegetación es arbórea (selva nublada siempreverde) y la materia orgánica inicial está compuesta primordialmente de hojas y raicillas superficiales, más abundantes y de composición diferente a las raicillas y los tallos fibrosos de las gramíneas y las hojas coriáceas de los árboles de Curatella americana, que abundan en los dos puntos más bajos de la toposecuencia.
2. En este estudio no se determinó el tipo, la cantidad y la actividad de los microorganismos presentes en los suelos de cada sitio, pero como esas características dependen de la materia orgánica inicial, de las condiciones climáticas, del relieve y de las actividades humanas que difieren entre los

[18] En este modelo se han incluido 2 tipos de materiales iniciales: el orgánico (mosi) y el mineral (mmi)

distintos puntos, sería de esperar que las características microbiológicas fuesen diferentes, aunque no se conozca la edad relativa de los suelos (dt) ni las características de la micro biota inicial (bi). En los puntos altos, la temperatura más baja enlentece la actividad de la microbiota en general, a la vez que actúa como filtro favoreciendo la actividad de algunas especies y limitando a otras, por lo que las formas húmicas menos polimerizadas (CAF) y la materia orgánica no húmica (CSNH), tienden a permanecer más tiempo antes de ser transformadas en las formas más estables (CAH y CHUM), de mayor peso molecular.

3. La humedad relativa de los sitios también es diferente, ya que la secuencia abarca desde la condición de bosque húmedo montano bajo (selva nublada) hasta bosque seco premontano. Como la humedad es necesaria para mantener la actividad microbiana, en los puntos altos (húmedos casi todo el año), los grandes aportes de materia vegetal provenientes del bosque son lenta pero constantemente humificados. Contrariamente, en los puntos más bajos, durante el periodo húmedo la humificación acelerada por la temperatura más elevada alcanza estadios más avanzados de polimerización, mayor concentración de C y menor proporción de O (ácidos húmicos y huminas); estos compuestos forman complejos con los minerales del suelo. Pero en el período seco, la humificación tiende a disminuir, siendo superada por la mineralización de la materia previamente humificada. La mineralización afecta más fácilmente a las formas menos polimerizadas (ácidos fúlvicos y compuestos no húmicos) y a la materia orgánica que no forma parte de los complejos órgano-minerales. De ello resulta que en los sitios más bajos se evidencia una disminución de la materia orgánica humificada del suelo y la concentración en ella de los compuestos más estables y polimerizados (ácidos húmicos y huminas).
4. Como todos los suelos de la secuencia tienen texturas similares (Fa, aF y F) y el drenaje externo e interno es rápido, el régimen de humedad de los suelos depende en gran medida de la humedad ambiental (humedad relativa y lluvia), por lo que

también cambia gradualmente desde údico en las partes altas, hasta ústico en las bajas (Ruiz *et al.,* 2017). De manera que la humificación ocurre en todos los sitios en condiciones aeróbicas.

5. El régimen de temperatura pasa de isotérmico en los puntos más altos, a isohipertérmico en los inferiores (Ruiz *et al*., 2017). Como ha sido considerado en el punto 2, la temperatura es uno de los factores que controla la actividad microbiana, por lo que la humificación y mineralización se aceleran en los sitios más bajos y cálidos.
6. El uso y manejo de los suelos también difiere a lo largo de la toposecuencia, debido a la incidencia de la deforestación, ocurrencia de incendios de vegetación y obras de infraestructura, que son mayores en las partes más bajas. La deforestación y el cambio de la cobertura boscosa por plantas herbáceas, disminuye la cantidad de materia orgánica fresca que ingresa al sistema, además de que cambia la composición de ésta. Los incendios de vegetación (que en general ocurren durante el período seco), no solo destruyen parte de la materia orgánica fresca que se encuentra en la superficie del suelo, sino que incrementan la proporción de sustancias húmicas de mayor polimerización, en detrimento de las moléculas más pequeñas y solubles. Los compuestos resultantes son más hidrofóbicos, por lo cual, al iniciarse la estación húmeda los horizontes superficiales son más impermeables, en consecuencia, aumenta la escorrentía y la posibilidad de erosión laminar. Esta erosión elimina las capas superficiales del suelo que generalmente son las más ricas en COT. Al penetrar menor cantidad de agua de lluvia en el suelo, las condiciones se vuelven adversas a la humificación. El resultado es que el carbono orgánico total disminuye, el CAF se transforma parcialmente en CAH y CHUM; pero estas formas también disminuyen, porque en parte se encuentran bajo la forma de complejos con los minerales arcillosos formando agregados, que son eliminados parcialmente por la erosión promovida por el incremento de la escorrentía. Todo ello incide sobre

los riesgos de deslizamientos en masa que pueden ocurrir en la cuenca del río Maracay, a consecuencia de la deforestación y de los incendios de vegetación.

7. El cambio del pH de los suelos, como indica el modelo 7, es una propiedad que depende de la materia orgánica y mineral, del clima, del relieve, de la biota y de las actividades humanas; todas estas variables cambian a lo largo de la toposecuencia, sin embargo, los valores de pH se mantienen en un rango entre 3,6 y 5,4 (valor mínimo y máximo de los perfiles completos) y entre 3,7 y 4,9 en promedio en los 20 cm superficiales. Ello indica que el efecto combinado de todos los factores señalados tiende a equilibrarse en un rango estrecho de acidez que sugiere un ambiente biogeoquímico inicial (regolitos, sedimentos y materia orgánica) pobre en elementos básicos.
8. El perfil del punto 5, que representa el sitio más bajo de la toposecuencia, se aparta con frecuencia de las tendencias de los otros como resultado de sus materiales de origen y su posición en el paisaje, demostrando que los procesos que allí se desarrollan son distintos al resto de la secuencia.

Los resultados ratifican que la cantidad y composición de la materia orgánica está controlada, al igual que las otras características del suelo, por la interacción de los factores formadores, que desencadenan y controlan un conjunto muy complejo de procesos. Los perfiles 1 y 4, desarrollados a partir de regolitos in situ, son internamente más homogéneos respecto al conjunto de atributos incluidos en este estudio que los otros perfiles formados a partir de sedimentos coluviales. El perfil 5, ubicado en una terraza sedimentaria en posición de piedemonte, es diferente de los perfiles 1, 2, 3 y 4 en posición de laderas, y no sigue las tendencias esbozadas por ellos. Los suelos estudiados, si bien fueron seleccionados por encontrarse a diferentes alturas (toposecuencia) mostraron que constituyen una secuencia pedogeomorfológica en la cual numerosos parámetros que caracterizan a los factores formadores son diferentes. A pesar de ello, reflejan un patrón común en los contenidos y composición de la materia orgánica: en todos predominan las huminas, lo que indica que una alta proporción de la materia orgánica no es de fácil biodegradación y podría estar formando complejos con la fracción mineral. Sin embargo, los contenidos de las otras fracciones de C muestran diferencias entre las distintas posiciones topográficas y geomorfológicas; los suelos de las posiciones 1 y 2, más altas, de menor temperatura, con mayor humedad y mayor aporte de materia orgánica, tienen mayor proporción de C en forma de ácidos fúlvicos (estructuras menos maduras, con menos C y más H que los ácidos húmicos). Los perfiles 3 y 4, de ambiente más cálido, cobertura de bosque semi deciduo o herbácea, tienen una proporción más alta de carbono orgánico en forma de ácidos húmicos y huminas. La interacción de esos factores interdependientes también determina que los suelos de las laderas (puntos 1 hasta 4) muestren una secuencia creciente con la altura de Al intercambiable y de CIC, mientras que, por lo contrario, el pH desciende. El suelo 5, que se encuentra en posición de piedemonte y se formó a partir de sedimentos coluvio-aluviales, no sigue esas tendencias.

Desde el punto de vista práctico esta investigación aporta información relevante con respecto a la influencia de la posición topográfica, la pendiente, el clima y la intervención humana, sobre varias propiedades de los suelos que condicionan la susceptibilidad a producirse deslizamientos en masa en la zona estudiada (Elizalde y Daza, 2000, 2002, 2003, 2005; Elizalde *et al.* 2015; López, 2004; López *et al.* 2007; Pineda *et al.* 2011), lo que coadyuvará a reconocer el incremento de la vulnerabilidad con la ocupación e intervención de zonas inestables dentro de la cuenca del río Maracay, proporcionando, además, información a diferentes organismos públicos y privados, involucrados en la problemática de la zona.

Desde el punto de vista teórico, se abre la posibilidad de utilizar la información generada específicamente sobre la composición de la materia orgánica a lo largo de una toposecuencia como la analizada en este trabajo, para realizar estudios posteriores a diferentes niveles de detalle, además de la factibilidad de utilizarla como un recurso didáctico, para diferentes instituciones educativas.

CAPÍTULO VII

CONSIDERACIONES FINALES

Los resultados demuestran que los suelos estudiados, seleccionados a priori porque se encuentran en diferentes pisos altitudinales, también representan situaciones diferentes respecto a sus materiales de origen, clima, relieve, biota, actividades humanas y posiblemente tiempo de formación (o intensidad de procesos). Por ello, constituyen una secuencia pedogeomorfológica que reafirma el concepto de la interdependencia de los factores formadores de suelos. Las variaciones en la altura ocasionan cambios en todas las variables que determinan el contenido y composición del carbono orgánico total (COT) de los suelos de la secuencia, principalmente de los horizontes superficiales. El contenido disminuye con la profundidad a lo largo de los todos los perfiles y existe una correlación positiva y significativa entre el contenido de COT en los primeros 20 cm en el perfil y la altitud. En el perfil 2, la distribución del COT con la profundidad sugiere que se ha formado sobre materiales acumulados en 2 ó 3 eventos sedimentarios intermitentes, separados por etapas de pedogénesis.

El predominio de las huminas manifiesta la tendencia hacia la concentración de las formas más resistentes, pero los ácidos fúlvicos y el carbono no humificado, que representan estructuras menos maduras y más lábiles de la materia orgánica, son más abundantes en los suelos más altos, de menor temperatura y con mayor humedad, que tienen mayor intensidad del aporte de materia orgánica fresca y no están sometidos a incendios anuales de vegetación.

La capacidad de intercambio catiónico está determinada por la materia orgánica humificada más que por los minerales arcillosos y reside principalmente en los ácidos fúlvicos.

En todos los perfiles la relación CAH/CAF tiende a disminuir con la profundidad en los primeros 60 cm, lo que sugiere que los ácidos fúlvicos, más solubles que los húmicos, han sido transportados preferentemente por las aguas de infiltración.

Como en los horizontes superficiales hay mayor proporción del COT en las formas más polimerizadas, que tienden a formar agregados estables, si se eliminan estas capas (por actividades humanas o por erosión), quedan expuestos horizontes más susceptibles a la erosión, generando una secuencia que se autoalimenta en progresión geométrica.

Los factores que determinan el estado de las variables que controlan los cambios o evolución de la materia orgánica son interdependientes, por lo que la variación de uno de ellos determina la variación de los demás, en una cascada de procesos que continua hasta que se gasten todas las fuentes de energía (o sea la muerte del ecosistema) o los efectos opuestos de los factores se equilibren determinando un estado estable (que en general puede ser fácilmente desestabilizado).

El índice de humificación mostró los valores más altos en los suelos ubicados a mayor altura, en los que existe un aporte de residuos frescos más abundante.

El grado de humificación fue mayor en los suelos afectados por incendios de vegetación, lo que sugiere la importancia de estos sobre la formación de compuestos orgánicos más complejos.

La tasa de humificación no varió regularmente con la altura.

Los valores de la relación C/N indicaron que los procesos de mineralización del nitrógeno pueden llevarse a cabo sin dificultad en estos suelos.

La relación C/N y los parámetros de humificación reflejaron las diferencias en los procesos de mineralización y humificación con relación a la altura, asociados a los cambios de vegetación, cantidad y calidad de los residuos producidos, precipitación, temperatura, acidez, pendiente y contenido de arcilla de los suelos.

El perfil del punto 5, que representa el sitio más bajo de la secuencia, se aparta con frecuencia de las tendencias de los otros, como resultado de que sus materiales de origen y su posición en el paisaje difieren de los otros puntos, demostrando que los procesos que allí se desarrollan son distintos al resto de la secuencia.

El análisis realizado evidencia que los cambios en las condiciones climáticas a lo largo de la toposecuencia son los que inciden sobre el mayor número de las variables que controlan los procesos de humificación, ello destaca la atención que debe darse a los efectos de los cambios climáticos que están ocurriendo actualmente.

Los resultados reflejan que la materia orgánica de los suelos es un indicador sensible a los cambios e interacciones de los numerosos parámetros ambientales involucrados en el comportamiento actual de los suelos y sus posibles respuestas en términos de uso, conservación, degradación o recuperación de sus principales cualidades.

REFERENCIAS BIBLIOGRÁFICAS

Abarca O. y J. Quiroz. 2005. Modelado cartográfico de riesgo de incendios en el Parque Nacional Henri Pittier. Estudio de caso: Vertiente sur, área colindante Con la ciudad de Maracay. Agronomía Trop. 55(1): 35-62.

Acosta Y., J. Paolini, S. Flores, M. El Zauahre, N. Reyes y H. García. 2008. Fraccionamiento de metales y materia orgánica en un suelo de la Península de Paraguaná, estado Falcón, Venezuela. MULTICIENCIAS, Vol. 8, N° Extraordinario, 2008 (39 - 47)

Almendros G., F.J. González-Vila. 2012. Wildfires, soil carbon balance and resilient organic matter in Mediterranean ecosystems. A review. SJSS 2 (2):8-33.

Almendros, G., H. Knicker, F.J. González-Vila. 2003. Rearrangement of carbon and nitrogen forms in peat after progressive isothermal heating as determined by solid-state 13C- and 15N-NMR spectroscopies. Org Geochem, 34:1559–1568.

Almendros, G., A. Polo, J.J. Ibáñez and M.C. Lobo. 1984. Contribución al estudio de la influencia de los incendios forestales en las características de la materia orgánica del suelo. I: Transformaciones del humus en un bosque de Pinus pinea del Centro de España. Revue d´Écologie et Biologie du Sol, 21: 7-20.

Almendros, G., F.J. González-Vila, F. Martın. 1990. Fire-induced transformation of soil organic matter from an oak forest: an experimental approach to the effects of fire on humic substances. Soil Sci, 149:158– 168.

Almendros, G., Gonzáles- Vila, F.J., Martin, F., Frund, F., Ludemann, H.D. 1992 Solid state NMR studies of fire induced changes in the structure of humic substances. *Sci. Total Environ.*, *117/118*: 63-74.

Álvarez Arteaga, G., A. Ibáñez Huerta, N. E. García Calderón y G. Almendros Martín. 2012. Almacenes de Carbono y estabilidad de la Materia Orgánica del suelo en un agroecosistema cafetalero en la Sierra Sur de Oaxaca, México.

Tropical and Subtropical Agroecosystems, 15: 611 – 620.

Andressen, R. 2007. Circulación atmosférica y tipos de climas. En GeoVenezuela, Tomo 2, Medio Físico y Recursos Ambientales, Cap 13, pp. 238-328. Fundación Empresas Polar. Caracas.

Audemard F. y A. Singer. s/f. El alud torrencial del 6 de septiembre de 1987 en la cuenca del Río El Limón, al norte de Maracay, Venezuela septentrional. 24 páginas. Consultado en Internet el 30/01/2017.

Badía, D., C. Martí. 2003. Planta ash and earth intensity effects on chemical and physical properties of two contrasting soils. Arid Land Research and Management, 17: 23-41

Badía, D., C. Martí, J. Aguirre, M. T. Echeverria, P. Ibarra. 2008. Erodibility and hydrology of arid burned soils: soil type and revegetation effects. Arid Land Res. & Management, 22: 286-295.

Báez, A., S. Pajares, J.D. Etchevers y J.F. Gallardo. 2006. Emisión de CO_2 en sustratos volcánicos del estado de México y Tlaxcala. 2006**.** IVth International Symposium on deteriorated volcanic soils (ISVO'06) (Use and Management of Tepetates, Talpetates, Cangahuas, Trumaos, etc.) July, 1 to 8, 2006 in Morelia, State of Michoacán and Tlaxcala, State of Tlaxcala, Mexico.

Berns, A.E, H. Knicker. 2014. Soil Organic Matter. Chapter · March 2014. DOI: 10.1002/9780470034590.emrstm1345. In book: eMagRes.

Calvo de Anta, R., E. Luís Calvo, F. Casás Sabarís, J.M Galiñanes Costa, N. Matilla Mosquera, F. Macías Vázquez, M. Camps Arbestain and N. Vázquez García. 2015. Soil organic carbon in northern Spain (Galicia, Asturias, Cantabria and País Vasco). SJSS. 5 (1): 41-53

Cañizales N., M. Tovar y M. Ruiz Dager. 2015. Fraccionamiento químico de la materia orgánica en suelos aluviales de los Llanos venezolanos. In: Memoria XXI Congreso Venezolano de la Ciencia del Suelo, San Cristóbal, Estado Táchira, Venezuela. pp. 245-250.

Carballas, M.T. 2003. Los incendios forestales en Galicia. En: Reflexiones sobre el medio ambiente en Galicia. J.J. Casares Long (Comp. Edición en castellano) Editorial: Xunta de Galicia. Santiago de Compostela, España. 363-415.

Carrero, J., M. Ruiz y M. Ríos. 2007. Propiedades fisicoquímicas y bioquímicas de suelos intervenidos bajo bosque de galería y sabana en la ladera sur del Parque Nacional Henri Pittier. Acta Científica Venezolana. 58(3-4): 84-91.

Carvajal Vanegas, A. F. 2008. Relación del carbono y nitrógeno del suelo con usos y coberturas del terreno en Alcalá, Valle del Cauca. Tesis de grado presentada como requisito parcial para optar al título de Magister Scientiae en Ecotecnología. Universidad Tecnológica de Pereira, Facultad de Ciencias Ambientales, Maestría en Ecotecnología. Pereira.

Casanova, E. 2005. Introducción a la ciencia del suelo. 2ª Edic. CDCH-UCV. 379 pp.

Castillo-Morales, M., G. Linares-Fleites, M. A. Valera-Pérez, N. E. García-Calderón, O. A. Acevedo-Sandoval. 2009. Modelación de la materia orgánica en suelos volcánicos de la región de Teziutlán, Puebla, México *Revista Latinoamericana de Recursos Naturales, 5 (2): 148-154, 2009*

Chaney, K. and R.S. Swift. 1984. The influence of organic matter on aggregate stability in some British soil. J. Soil Sci. 35:223-230.

Chaney, K. and R.S. Swift. 1986. Studies on aggregate stability. II. The effect of humic substances on the stability of re-formed soil aggregates. J. Soil Sci. 37:337-343.

Charan G., V.K. Bharti, S. E. Jadhav, S. Kumar, D. Angchok, S. Acharya, P. Kumar and R. B. Srivastava. 2012. Altitudinal variations in soil carbon storage and distribution patterns in cold desert high altitude microclimate of India. African Journal of Agricultural Research. 7(47): 6313-6319.

Charan, G., V.K. Bharti, S. E. Jadhav, S. Kumar, D. Angchok, S. Acharya, P. Kumar, D. Gogoil and R. B. Srivastava. 2013. Altitudinal variations in soil physico-chemical properties at cold desert high altitude. Journal of Soil Science and Plant Nutrition. 13(2): 267-277

Ciampa, A., A. Benedetti, P. Sequi, M. Valentini. 2009. Effects of a fire event on the soil organic matter of a pine forest and a pasture. Agrochimica, Vol. LIII - N. 1

Ciavatta, C., M. Govi, L. Vittori Antisari, P. Sequi (1990). Characterization of humified compounds by extraction and fractionation on solid polyvinylpyrrolidone. J. Chromatogr. 509: 141-146.

Ciavatta, C. and Govi, M. 1993. Use of insoluble polyvinylpyrrolidone and isoelectric focusing in the study of humic substances in soils and organic wastes. Journal of Chromatography,643,261–270.

Coleman, D.C., J.M. Oades, G. Uehara (Eds). 1989. Dynamics of soil organic matter in tropical ecosystem. Niftal Project. Department of Agronomy and Soil Science. College of Tropical Agriculture and Human Resources. University of Hawaii. 245 p.

D'Acunha Sandoval, B. M. (2015). Estudio de la dinámica de la degradación de hojarasca en bosque tropical amazónico utilizando marcadores químicos de descomposición. Tesis para optar por el título de Licenciada en Química. Pontificia Universidad Católica del Perú. Facultad de Ciencias e Ingeniería. 104 p.

Dell'Abate M.T., L. Pompili, A. Benedetti, C. Dazzi (2002). Soil microbial activity in a toposequence under Mediterranean climate. In: Zdruli P. (ed.), Steduto P. (ed.), Kapur S. (ed.). 7. International meeting on Soils with Mediterranean Type of Climate (selected papers). Bari: CIHEAM, 2002 p.183-195 (Options Méditerranéennes: Série A. Séminaires Méditerranéens; n. 50).

Denef, K., L. Zotarelli, R.M. Boddeyd y J. Six. 2007. Microaggregate-associated carbon as a diagnostic fraction for management-induced changes in soil organic carbon in two Oxisols. Soil Biol. Biochem. 39:1165–1172.

Doerr, S.H, R.A. Shabesky, P. D. Walsh. 2000. Earth Science Reviews, 51: 33-65.

Elizalde, G. 1997. El índice de homogeneidad múltiple y su utilidad para la cartografía detallada del sistema pedogeomorfológico. Rev. Fac. Agron. (Maracay). 23(2):187-206.

Elizalde, G. 2009. El suelo en la fase superficial del ciclo geológico. Geoenseñanza, Revista Venezolana de Geografía y su Enseñanza. Universidad de Los Andes-Táchira. Volumen 14, (2) p.265-292.

Elizalde, G. 2011. Clasificación sistemática de categorías de paisajes. Propuesta de un marco conceptual. Venesuelos. Volumen 19 (1): 23 - 43.

Elizalde, G., A Rosales, L. Bascones. 1987. Aprender a convivir con la montaña. Catástrofe en la cuenca del río El Limón. Carta Ecológica. LAGOVEN, 39: 1-4.

Elizalde, G., C. Rondón. 1998. Propuesta de un modelo de Estructuración de los suelos. Rev. Fac. Agron. (Maracay) 24: 1-10.

Elizalde, G., M. Daza, P. García. 2015. Un enfoque integral para el estudio de riesgos en cuencas hidrográficas. Conceptos y criterios básicos. XXI Congreso Venezolano de la Ciencia del Suelo. San Cristóbal.

Elizalde, G., M. Daza. 1999. Bases para el desarrollo de un sistema automatizado de homogeneidad de tierras. Memorias 14° Congreso Latinoamericano de la Ciencia del Suelo. Pucón Chile.

Elizalde, G., M. Daza. 2000. Evaluación de amenazas de movimientos en masa en paisajes montañosos. Ejemplos en el Estado Vargas. Venesuelos 8(1 y 2):29-42.

Elizalde, G., M. Daza. 2002. Landslides risks in humids to arids mountainous zones. Vargas state, Venezuela. International Symposium on Sustainable Use and Management of Soils in Arid and Semiarid Regions, Cartagena, (Murcia, España).

Elizalde, G., M. Daza. 2003. Procedimiento para evaluar amenazas de movimientos en masa con información restringida en paisajes montañosos. Rev. Fac. Agron. (Maracay). 29(2):197-208.

Elizalde, G., M. Daza. 2005. Uso de la información geológica para evaluar la susceptibilidad a la erosión hídrica. XVII Congreso Venezolano de la Ciencia del Suelo. Maracay.

Fassbender, H. W. 1975. Química de suelos. Con énfasis en los suelos de América Latina. Instituto Interamericano de Ciencias Agrícolas de la OEA, Turrialba, Costa Rica. Serie Libros y Materiales Educativos N° 24. 401 pág.

Fernández-Badillo, A., G. Ulloa. 1990. Fauna del Parque Nacional Henri Pittier, Venezuela: composición y diversidad de la mastofauna. Acta Cient. Ven., 41:50-63.

Galantini, J.A. y L. Suñer. 2008. Las fracciones orgánicas del suelo: análisis en los suelos de la Argentina. Agriscientia, Vol XXV (1): 41-55

Galioto, T. R. 1985. The influence of elevation on the humic-fulvic acid ratio in soils of the Santa Catalina Mountains, Pima County, Arizona. Thesis-Reproduction Masters MS University of Arizona.

García-Velásquez, L.M., A. Ríos-Quintana, L. J. Molina-Rico. 2010. Estructura, composición vegetal y descomposición de hojarasca en el suelo, en dos sitios de un bosque nublado andino (reforestado y en sucesión espontánea), en Peñas Blancas, Calarcá (Quindío), Colombia**.** Actual Biol 32 (93): 147-164.

Gilabert de Brito, J., I. Arrieche Luna, M. León Rodríguez, I. López de Rojas (comp.). 2015. Análisis de suelos para diagnóstico de fertilidad. Manual de métodos y procedimientos de referencia. Maracay, VE. Instituto Nacional de Investigaciones Agrícolas. Centro Nacional de Investigaciones Agropecuarias. 215 p.

González-Pérez, J. A., F. J. González-Vila, G. Almendros, H. Knicker. 2004. The effect of fire on soil organic matter—a review. Environment International. 30: 855–870.

González-Pérez, J. A., R. González-Vásquez, J. M. De La Rosa, F.J. González-Vila. 2011. El fuego y la materia orgánica del suelo. Instituto de Recursos Naturales y Agrobiología de Sevilla (CSIC). FLAMMA, 2(3): 8-14.

González-Vila F.J. and G. Almendros. 2003. Thermal transformation of soil organic matter by natural fires and laboratory-controlled heatings. In: Ikan R, editor. Natural and laboratory simulated thermal geochemical processes. Dordrecht: Kluwer Academic Publishing. p. 153 – 200.

Guntiñas Rodríguez, M. E. 2009. Influencia de la temperatura y de la humedad en la dinámica de la materia orgánica de los suelos de Galicia y su relación con el cambio climático. Tesis Doctoral. Universidad de Santiago de Compostela. 749 pág.

Hackley, P.C., F. Urbani, A.W. Karlsen, C.P. Garrity. 2006. Mapa Geológico de Venezuela a Escala 1:750,000. Open-File Report 2006-1109. Spanish language version of OFR 2005-1038.

URL: http://pubs.er.usgs.gov/publication/ofr20061109

Hassink, J.; F. J. Matus, C. Chenu, J. Dalenberg. 1997. Interaction between soil biota, soil organic matter and soil structure. In: Brussaard, L. and Ferrera-Cerrato, R. (Eds.). Soil Ecology in Sustainable Agricultural Systems. New York, USA. Lewis Publishers. p. 15-35.

Hayes, H.B., R. Mylotte and R.S. Swift. 2017. Humin: Its Composition and Importance in Soil Organic Matter. In: Donald L. Sparks, editor, *Advances in Agronomy, Vol. 143*, Burlington: Academic Press, pp. 47-138.

Hernández-Hernández, R.M., E. Ramírez, I. Castro y S. Cano. 2008. Cambios en indicadores de calidad de suelos de ladera reforestados con pinos (*Pinus caribaea*) y eucaliptos (*Eucalyptus robusta*). Agrociencia. 42: 253-266.

Hernández-Hernández, R. M., Z. Palma González, Y. Pardo, R. Jiménez, F. Gámez, A. González, F. Hernández y M. Delgado. 2013a. Fracciones de la materia orgánica de suelos de laderas bajo distinta intensidad de pastoreo. Memoria XX Congreso Venezolano de la Ciencia del Suelo, San Juan de los Morros, Estado Guárico, Venezuela, 25-29.

Hernández-Hernández, R.M., M. Pulido-Moncada, R. Caballero, E. Cabriales, I. Castro, E. Ramírez, T. Rondón, J. Ferrer, B. Flores y B. Mendoza. 2013 b. Influencia del cambio de uso de la tierra sobre las sustancias húmicas y la estabilidad de los agregados en suelos de sabanas y bosques tropicales. Rev. Fac. Agron. (LUZ). 30:551-572.

Huggett, R.J. 1995. Geoecology: an evolutionary approach. Routledge. London and N. York, 324 p.

Jackson, M.L. 1964. Análisis Químico de Suelos. Ed. Barcelona. 662 p.

Jaimes, E. y G. Elizalde. 1990a. Contenido de materia orgánica de epipedones de suelos venezolanos de acuerdo a gradientes altotérmicos. Agricultura Andina (Venezuela). 5:25-38.

Jaimes, E. y G. Elizalde. 1990b. El factor altitud como criterio de delineación pedogeomorfológica en áreas de relieve montañoso. Revista Agricultura Andina 5: 17 – 24.

Jaimes, E. y G. Elizalde. 1991. Determinación de un índice de homogeneidad múltiple en sistemas pedogeomorfológicos montañosos. Agricultura Andina (Venezuela). 6: 25-46.

Jenny, H. 1994. Factors of Soil Formation. A System of Quantitative Pedology. Dover Publications, Inc. New York. Disponible en: http://www.soilandhealth.org/01aglibrary/010159.Jenny.pdf

Jobbagy E. and R. B. Jackson. 2000. The vertical distribution of soil organic carbon and its relation to climate and vegetation. Ecological Applications. 10(2): 423–436.

Kim, T. 2011. Principles of soil chemistry. CRC Press, Taylor & Francis Group. 4ed. 480p

López, C. 2004. Estudio de riesgo de erosión por movimientos en masa en la subcuenca de la quebrada Guamita, vertiente sur del Parque Nacional "Henri Pittier". Trabajo de grado. Universidad Central de Venezuela. Facultad de Agronomía. Maracay, Venezuela. 113 p.

López, C., G. Elizalde, M. Daza. 2007. Enfoque pedogeomorfológico para la evaluación de amenazas de erosión por movimientos en masa. Ejemplo en la subcuenca de la quebrada Guamita, estado Aragua, Venezuela. XVII Congreso Latinoamericano de la Ciencia del Suelo, México.

López, C., G. Elizalde. 2005. Estudio del riesgo de erosión por movimientos en masa en la cuenca de la quebrada Guamita, Vertiente sur del parque nacional "Henri Pittier". XVII Congreso Venezolano de la Ciencia del Suelo. Maracay.

López, L., S. Lo Mónaco y A. Gann. 2004. Caracterización de ácidos húmicos extraídos de suelos de diferentes regiones de Venezuela. Rev Fac.Agron. (UCV). 30:63-77.

López, R.; M. López. 1978. El diagnóstico de Suelos y Plantas. Editorial Mundi-Prensa. Madrid, España. 287 p.

Lowe, L. E. 1975. Fractionation of acid-soluble components of soil organic matter using polyvinyl pyrrolidone. Can. J. Soil Sci. 55: 119-126.

Lozano, Z., C. Rivero, C. Bravo, R.M. Hernández. 2011. Fracciones de la materia orgánica del suelo bajo sistemas de siembra directa y cultivos de cobertura. Rev. Fac. Agron. (LUZ). 28: 35-56.

Mambie Hernández, S. S. 2017. Integración geológica de la región Ocumare de la Costa- Maracay- Valencia, estados Aragua y Carabobo. Trabajo Especial de Grado para optar al Título de Ingeniero Geólogo. Facultad de Ingeniería. Escuela de Geología, Minas y Geofísica. Universidad Central de Venezuela.

Martínez, E., J.P. Fuentes, E. Acevedo. 2008. Carbono orgánico y propiedades del suelo. J. Soil Sc. Plant Nutr. 8 (1): 68-96.

Mataix-Solera, J., V. Arcenegui, C. Guerrero, A. M. Mayoral, J. Morales, J. González, F. García-Orenes, I. Gómez. 2007. Water repellency under different plant species in a calcareous forest soil in a semiarid Mediterranean environment. Hydrological Processes, 21:2300-2309.

Matus, F.J. y C.R Maire G. 2000. Relación entre la materia orgánica del suelo, textura del suelo y tasas de mineralización de carbono y nitrógeno. Agricultura Técnica, 60(2), 112-126.

Microsoft. 2016. Excel, Microsoft Office 2016 for Windows.

Mogollón, J. y A. Martínez. 2009. Variación de la actividad biológica del suelo en un transecto altitudinal de la sierra de San Luís, estado Falcón. Agron. Trop. 59(4): 469-479.

Mogollón, J., W. Rivas, A. Martínez, Y. Campos y E. Márquez. 2015. Carbono orgánico del suelo en un gradiente altitudinal en la Península de Paraguaná, Venezuela. MULTICIENCIAS. 15 (3):271 – 280.

Molina, M.J., M.D. Soriano Soto, J.V. Llinares Palacios, V. Pons Martí y P. Salvador Sanchís. 2008. Relaciones entre contenido y tipo de materia orgánica, usos del suelo y arcilla en una toposecuencia de materiales calcáreos desde la montaña litoral a la costa en Alzira (Valencia, Spain). Geotemas (Madrid), Nº. Extra 10 (Ejemplar dedicado a: VII Congreso Geológico de España): 101-104.

Oades, J. 1984. Soil organic matter and structural stability, mechanisms and implications for management. Plant and Soil, 76: 319-337.

Oades, J. y A. Waters. 1991. Aggregate hierarchy in soils. Aus. J. Soil Res. 29: 815-*828.*

Oades, J.M., G.P. Gillman and G. Uehara. 1989. Interactions of soil organic matter and variable-charge clays. En: Coleman, D.; J.M. Oades; G. Uehara

(Eds). Dynamics of soil organic matter in tropical ecosystem. Niftal Project. Department of Agronomy and Soil Science. College of Tropical Agriculture and Human Resources. University of Hawaii. p. 69-95.

Ochoa, G.; J. Oballos, J. Sánchez, J. Sosa, J. Manrique, J. Velásquez. 2000. Variación del carbono orgánico en función de la altitud. Cuenca del río Santo Domingo. Mérida-Barinas, Venezuela. Rev. Geog. Venez. 41(1):79-87.

Oorts, K., B. Vanlauwe y R. Merckx. 2003. Cation exchange capacities of soil organic matter fractions in a Ferric Lixisol with different organic matter inputs. Agric. Ecos. Envi. 100: 161-171.

Page, A.L. (Ed.). 1982. Methods of Soil Analysis Part. 2. Chemical and Microbiological Properties. Second Edition. American Society of Agronomy INC. Soil Science Society of America INC. Publisher. Wisconsin, USA. 1159 p.

Parras-Alcántara, L., B. Lozano-García, and A. Galán-Espejo. 2015. Soil organic carbon along an altitudinal gradient in the Despeñaperros Natural Park, southern Spain. Solid Earth. 6: 125–134.

Pascual, J.A., C. García, T. Hernández, J.L. Moreno, M. Ros. 2000. Soil microbial activity as a biomarker of degradation and remediation processes. Soil Biology & Biochemistry 32, 1877–1883.

Pineda, M.C., G. Elizalde y J. Viloria. 2011. Determinación de áreas susceptibles a deslizamientos en un sector de la Cordillera de la Costa Central de Venezuela. Interciencia. 36(5):370-377.

Porta, J., M. López-Acevedo y C. Roquero. 1999. Edafología para la agricultura y el medio ambiente. Ediciones Mundi-Prensa, Madrid. 2ª edición. 849 pp.

Pulido-Moncada, M. A., D. Lobo-Lujan y Z. Lozano-Pérez. 2009. Asociación entre indicadores de estabilidad estructural y la materia orgánica en suelos agrícolas de Venezuela. Agrociencia, 43 (3): 221-230.

Ríos, M. 2002. Descripción de una toposecuencia de suelos en la cuenca del río Maracay con fines didácticos. Trabajo de Ascenso a la categoría de profesor Titular. Universidad Pedagógica Experimental Libertador. Instituto Pedagógico Rafael Alberto Escobar Lara. Maracay. 178 pp.

Ríos, M; M. Ruiz; R. Maduro, H. García. 2010. Estudio exploratorio de las propiedades físicas de suelos y su relación con deslizamientos superficiales: Cuenca del río Maracay, estado Aragua-Venezuela. Rev. Geog. Venez. 51(2), 225-247.

Ríos, M; M. Ruiz; R. Maduro, H. García. 2016a. Estudio Exploratorio de las Propiedades Químicas de Suelos Susceptibles a deslaves en la Cuenca del Río Maracay. Terra Nueva Etapa, 32 (51): 69-91.

Ríos C., M. M.; M. Ruiz Dager, J. Carrero A., M.R. Tovar. 2016b. Fraccionamiento químico de la materia orgánica en suelos de bosque y sabana. MULTICIENCIAS 16 (1):14-21.

Romero, N., M. Ríos y L. Barrios. 2004. Caracterización química de los suelos en los tramos alto y medio de la cuenca del río Maracay, estado Aragua, con fines didácticos. Revista Paradigma. UPEL-IPMar. Volumen XXV, N° 1, Junio 2004. Maracay-Aragua.

Rondón, C., G. Elizalde. 1994. Procesos pedogenéticos en un modelo de sistema suelo, formado por nueve subsistemas. Venesuelos, 2 (1): 32-37.

Rondón de Rodríguez, C., G. Elizalde. 1997. Estabilidad física y química de los microagregados de dos unidades de suelos evolucionados. Agronomía Trop. 47(4): 409-423.

Rondón, C., G. Elizalde. 1998. Propuesta de un modelo de estructuración de suelos. Rev. Fac. Agron. (Maracay) 24: 1-10.

Ruiz, M. 2002. Características de la materia orgánica y la actividad biológica de suelos de la Depresión del Lago de Valencia sometidos a diversas formas de manejo. Tesis Doctoral. Postgrado en Ciencia del Suelo. Maracay, Venezuela. Facultad de Agronomía. Universidad Central de Venezuela. 257 p.

Ruiz, M. y J. Paolini. 2005. Parámetros de Humificación en suelos cultivados bajo riego. Agrochimica, 49 (1-2): 79-86.

Ruiz, M., G. Elizalde, J. Paolini. 2000. Correlaciones entre el carbono orgánico de los microagregados y algunos atributos del suelo en paisaje de sabana. Revista de la Facultad de Agronomía de la UCV (Maracay), 26 (2): 125-135.

Ruiz, M., M. M. Ríos, G. Elizalde. 2017. Composición de la materia orgánica, pH, intercambio catiónico y textura de cinco suelos ubicados entre 670 y 1600 msnm en la cuenca del río Maracay (Venezuela). Revista de la Facultad de Agronomía de la Universidad del Zulia, 34 (2):130-157.

Salcedo, D.A. 2000. Los flujos torrenciales catastróficos de Diciembre de 1999, en el estado Vargas y en Caracas: Características y lecciones aprendidas. Memorias XVI Seminario Venezolano de Geotecnia, Caracas. p. 128-175.

Sánchez Sánchez, A. 2002. Mejora en la eficacia de los quelatos de hierro sintéticos a través de sustancias húmicas y aminoácidos. Tesis doctoral de la Universidad de Alicante, Facultad de Ciencias. Departamento de Agroquímica, Bioquímica. 623 pág.

Sánchez, B., M. Ruiz, M. Ríos 2005. Materia orgánica y actividad biológica del suelo en relación con la altitud en la cuenca del río Maracay, estado Aragua. Agron. Trop. 55:507-534.

Schnitzer, M. 1991. Soil organic matter - the next 75 years. Soil Sci. 151: 41-58.

Schoeneberger, P.J., D.A. Wysocki, E.C. Benham, and Soil Survey Staff. 2012. Field book for describing and sampling soils, Version 3.0. Natural Resources Conservation Service, National Soil Survey Center, Lincoln, NE.

Sequi P., M. De Nobili, L. Leita and G. Cercignani. 1986. A new index of humification. Agrochimica 30:175-179.

Smith, J., J. Halvorson and H. Bolton. 2002. Soil properties and microbial activity across a 500 m elevation gradient in a semi-arid environment. Soil Biol. Biochem. 34:1.749-1.757.

Stevenson, F.J. 1994. Humus Chemistry. Genesis, composition, reactions. John Wiley and Sons. New York. 575 p.

Tisdall, J. y J. Oades. 1982. Organic matter and water stable aggregates in soils. J. Soil Sci. 33: 141-163.

Urbani, F. y J.A. Rodríguez. 2004. Atlas geológico de la cordillera de la costa Venezuela. Escala 1:25.000. Ediciones Fundación GEOS. Caracas. URL: http://pubs.er.usgs.gov/publication/ofr20061109

VENEMIA.COM. Influencia de los Vientos Alisios del Noreste sobre la República Bolivariana de Venezuela para el mes de Julio. **http://www.venemia.com/Vzla/VzlaClima/VeneClima6.php.**

Consulta 30/11/2019.

Walkley, A.; I. A. Black. 1934. An examination of the Detjareff method for determining soil organic matter and a proposed modification on the chromic acid titration methods. Soil Sci. 37: 29-38.

Wieczorek, G.F., M.C. Larsen, L.S. Eaton, B.A. Morgan and J. L. Blair. Debris-flow and flooding hazards associated with the December 1999 storm in coastal Venezuela and strategies for mitigation. U.S. Geological Survey. Open File Report 01-0144. https://pubs.usgs.gov/of/2001/ofr-01-0144/
Consulta 26/11/2017

Zalba, P. y A.R. Quiroga. 1999. Fulvic acid carbon as diagnostic feature for agricultural soil evaluation. Soil Sci.164:57-61.

Zinck, A. 1986a. Propiedades y estabilidad mecánicas de los suelos en ambiente de selva nublada. En: O. Huber (ed.). La selva nublada de Rancho Grande Parque Nacional "Henri Pittier". El ambiente físico, ecología vegetal y anatomía vegetal. 91-105. Fondo Editorial Acta Científica Venezolana y Seguros Anauco.

Zinck, A. 1986b. Una Toposecuencia de suelos en el área de Rancho Grande: Dinámica actual e implicaciones paleogeográficas. En: La selva nublada de Rancho Grande Parque Nacional "Henri Pittier". El ambiente físico, ecología vegetal y anatomía vegetal. Otto Huber editor. Fondo Editorial Acta Científica Venezolana y Seguros Anauco. pp 67-90.

ÍNDICE DE CUADROS

ÍNDICE DE FIGURAS

Printed by Books on Demand GmbH, Norderstedt / Germany